普通高等教育机械类专业基础课系列教材

机械工程材料实验

马廷威 主编

北京理工大学出版社
BEIJING INSTITUTE OF TECHNOLOGY PRESS

内容简介

本书包括标准金相试样的观察、金属材料热处理、微观组织观察、力学性能测试、试样制备及相关实验设备的使用等一系列实验。本书在内容编排上突出基础和实用，旨在为学生进一步理解实验基本原理提供基本的实验指导，培养良好的实验素养。本书的每个实验后均设置了思考题，以强化学生对该实验的理解。

本书可作为高等学校材料类和机械类专业，如"金属材料及热处理""工程材料基础""工程材料及成型技术基础"等课程的实验用书，也可供相关教师、研究生和从事材料研究生产的工程技术人员参考。

版权专有　侵权必究

图书在版编目（CIP）数据

机械工程材料实验 / 马廷威主编. --北京：北京理工大学出版社，2024.1（2024.6 重印）
ISBN 978-7-5763-3521-7

Ⅰ．①机… Ⅱ．①马… Ⅲ．①机械制造材料-材料试验-高等学校-教材　Ⅳ．①TH140.7

中国国家版本馆 CIP 数据核字（2024）第 041700 号

责任编辑：陈　玉		文案编辑：李　硕	
责任校对：刘亚男		责任印制：李志强	

出版发行	/ 北京理工大学出版社有限责任公司
社　　址	/ 北京市丰台区四合庄路 6 号
邮　　编	/ 100070
电　　话	/（010）68914026（教材售后服务热线）
	（010）68944437（课件资源服务热线）
网　　址	/ http://www.bitpress.com.cn

版 印 次	/ 2024 年 6 月第 1 版第 2 次印刷
印　　刷	/ 涿州市新华印刷有限公司
开　　本	/ 787 mm×1092 mm　1/16
印　　张	/ 11
字　　数	/ 252 千字
定　　价	/ 32.00 元

图书出现印装质量问题，请拨打售后服务热线，负责调换

前言
PREFACE

本书是在贯彻《中华人民共和国国民经济和社会发展第十三个五年规划纲要》文件精神，加强应用型高校建设，推动应用型高校深化教学改革的基础上，按照材料类和机械类相关专业的课程教学标准编写的。

本书是高校"金属材料及热处理""工程材料基础""工程材料及成型技术基础"课程的配套实验教材。本书使用的实验材料包括钢铁材料和有色金属材料，实验内容涵盖金相显微镜知识、金相试样的制备、材料显微组织的观察和分析、提升材料组织性能的方法、相关设备的使用等。教师可以根据不同的教学课程和授课专业选择不同的实验内容，以提高学生的动手能力，将理论和实践相结合。

本书实验立足于基础教材，并做了适当扩展，紧密联系教学内容，旨在培养学生基本的实验素养和实验理念，让学生学会用科学的方法发现问题、分析问题和解决问题，提高学生的综合能力。本书可作为材料类、机械类、能源类相关专业课程的实验指导用书。

本书包括20个实验，其中实验一至十二、实验十七至二十由营口理工学院马廷威老师编写，实验十三、十四由营口理工学院孙琪老师编写，实验十五、十六由营口理工学院李广宇老师编写。

感谢营口理工学院付颖老师和曹丽梅老师提供的实验素材，感谢营口理工学院教务处和机动学院的各位领导、老师在本书的编写过程中给予的大力支持和帮助。

由于编者水平有限，书中疏漏之处在所难免，敬请广大读者提出宝贵的意见，以便进一步完善本书内容。

编 者
2024年1月

目录 CONTENTS

实验一　金相显微镜的基本原理、构造和使用方法 ·· (1)
 1.1　实验目的 ·· (1)
 1.2　金相显微镜的基本原理 ·· (1)
 1.3　金相显微镜的基本构造 ·· (2)
 1.4　金相显微镜的操作和维护 ·· (6)
 1.5　实验设备及材料 ·· (7)
 1.6　实验内容及步骤 ·· (8)
 1.7　注意事项 ·· (8)
 1.8　实验报告 ·· (8)
 1.9　思考题 ·· (9)

实验二　金相试样的制备 ··· (10)
 2.1　实验目的 ·· (10)
 2.2　金相试样制备的基本原理 ·· (10)
 2.3　实验设备及材料 ·· (19)
 2.4　实验内容及步骤 ·· (20)
 2.5　注意事项 ·· (20)
 2.6　实验报告 ·· (20)
 2.7　思考题 ·· (21)

实验三　铁碳合金平衡组织观察与分析 ·· (22)
 3.1　实验目的 ·· (22)
 3.2　实验基本原理 ·· (22)
 3.3　实验设备及材料 ·· (25)
 3.4　实验内容及步骤 ·· (26)
 3.5　注意事项 ·· (26)
 3.6　实验报告 ·· (27)
 3.7　思考题 ·· (27)

实验四　碳钢非平衡显微组织观察 (28)
 4.1　实验目的 (28)
 4.2　实验基本原理 (28)
 4.3　实验设备及材料 (33)
 4.4　实验内容及步骤 (33)
 4.5　注意事项 (34)
 4.6　实验报告 (34)
 4.7　思考题 (35)

实验五　金属材料的硬度测试 (36)
 5.1　实验目的 (36)
 5.2　实验基本原理和硬度计构造 (36)
 5.3　硬度计使用前准备 (43)
 5.4　硬度计操作步骤 (45)
 5.5　实验设备及材料 (52)
 5.6　实验内容及步骤 (52)
 5.7　注意事项 (53)
 5.8　实验报告 (53)
 5.9　思考题 (54)

实验六　碳钢的热处理 (55)
 6.1　实验目的 (55)
 6.2　实验基本原理 (55)
 6.3　实验设备及材料 (60)
 6.4　实验内容及步骤 (60)
 6.5　注意事项 (62)
 6.6　实验报告 (62)
 6.7　思考题 (62)

实验七　常用钢的显微组织观察 (63)
 7.1　实验目的 (63)
 7.2　实验基本原理 (63)
 7.3　实验设备及材料 (70)
 7.4　实验内容及步骤 (70)
 7.5　注意事项 (70)
 7.6　实验报告 (71)
 7.7　思考题 (72)

实验八　常用有色金属材料的显微组织观察 (73)
 8.1　实验目的 (73)
 8.2　实验基本原理 (73)
 8.3　实验设备及材料 (78)

| 8.4 实验内容及步骤 ………………………………………………………… (78)
| 8.5 注意事项 …………………………………………………………………… (79)
| 8.6 实验报告 …………………………………………………………………… (79)
| 8.7 思考题 ……………………………………………………………………… (80)

实验九　钢的奥氏体晶粒度与加热温度关系 …………………………………… (81)
| 9.1 实验目的 …………………………………………………………………… (81)
| 9.2 实验基本原理 ……………………………………………………………… (81)
| 9.3 实验设备及材料 …………………………………………………………… (85)
| 9.4 实验内容及步骤 …………………………………………………………… (85)
| 9.5 注意事项 …………………………………………………………………… (86)
| 9.6 实验报告 …………………………………………………………………… (86)
| 9.7 思考题 ……………………………………………………………………… (86)

实验十　钢的淬透性 …………………………………………………………………… (87)
| 10.1 实验目的 ………………………………………………………………… (87)
| 10.2 实验基本原理 …………………………………………………………… (87)
| 10.3 实验设备及材料 ………………………………………………………… (91)
| 10.4 实验内容及步骤 ………………………………………………………… (92)
| 10.5 注意事项 ………………………………………………………………… (93)
| 10.6 实验报告 ………………………………………………………………… (93)
| 10.7 思考题 …………………………………………………………………… (94)

实验十一　金属塑性变形与再结晶 …………………………………………………… (95)
| 11.1 实验目的 ………………………………………………………………… (95)
| 11.2 实验基本原理 …………………………………………………………… (95)
| 11.3 实验设备及材料 ………………………………………………………… (97)
| 11.4 实验内容及步骤 ………………………………………………………… (98)
| 11.5 注意事项 ………………………………………………………………… (98)
| 11.6 实验报告 ………………………………………………………………… (98)
| 11.7 思考题 …………………………………………………………………… (99)

实验十二　钢中非金属夹杂物的显微检验 ………………………………………… (100)
| 12.1 实验目的 ………………………………………………………………… (100)
| 12.2 实验基本原理 …………………………………………………………… (100)
| 12.3 实验设备及材料 ………………………………………………………… (106)
| 12.4 实验内容及步骤 ………………………………………………………… (106)
| 12.5 注意事项 ………………………………………………………………… (106)
| 12.6 实验报告 ………………………………………………………………… (106)
| 12.7 思考题 …………………………………………………………………… (107)

实验十三　低碳钢/铸铁拉伸实验 …………………………………………………… (108)
| 13.1 实验目的 ………………………………………………………………… (108)

13.2 实验基本原理 …………………………………………………………………… (108)
13.3 实验设备及材料 ………………………………………………………………… (112)
13.4 实验内容及步骤 ………………………………………………………………… (112)
13.5 注意事项 ………………………………………………………………………… (113)
13.6 实验报告 ………………………………………………………………………… (113)
13.7 思考题 …………………………………………………………………………… (114)

实验十四　低碳钢/铸铁压缩实验 …………………………………………………… (115)
14.1 实验目的 ………………………………………………………………………… (115)
14.2 实验基本原理 …………………………………………………………………… (115)
14.3 实验设备及材料 ………………………………………………………………… (117)
14.4 实验内容及步骤 ………………………………………………………………… (118)
14.5 注意事项 ………………………………………………………………………… (118)
14.6 实验报告 ………………………………………………………………………… (119)
14.7 思考题 …………………………………………………………………………… (120)

实验十五　钢的冲击实验 …………………………………………………………… (121)
15.1 实验目的 ………………………………………………………………………… (121)
15.2 实验基本原理 …………………………………………………………………… (121)
15.3 实验设备及材料 ………………………………………………………………… (123)
15.4 实验内容及步骤 ………………………………………………………………… (124)
15.5 注意事项 ………………………………………………………………………… (124)
15.6 实验报告 ………………………………………………………………………… (124)
15.7 思考题 …………………………………………………………………………… (125)

实验十六　宏观断口分析 …………………………………………………………… (126)
16.1 实验目的 ………………………………………………………………………… (126)
16.2 实验基本原理 …………………………………………………………………… (126)
16.3 实验设备及材料 ………………………………………………………………… (132)
16.4 实验内容及步骤 ………………………………………………………………… (132)
16.5 注意事项 ………………………………………………………………………… (133)
16.6 实验报告 ………………………………………………………………………… (133)
16.7 思考题 …………………………………………………………………………… (135)

实验十七　显微断口分析 …………………………………………………………… (136)
17.1 实验目的 ………………………………………………………………………… (136)
17.2 实验基本原理 …………………………………………………………………… (136)
17.3 实验设备及材料 ………………………………………………………………… (140)
17.4 实验内容及步骤 ………………………………………………………………… (140)
17.5 注意事项 ………………………………………………………………………… (140)
17.6 实验报告 ………………………………………………………………………… (141)
17.7 思考题 …………………………………………………………………………… (141)

实验十八　疲劳实验 ·· (142)
    18.1　实验目的 ··· (142)
    18.2　实验基本原理 ··· (142)
    18.3　实验设备及材料 ·· (146)
    18.4　实验内容及步骤 ·· (146)
    18.5　注意事项 ··· (147)
    18.6　实验报告 ··· (147)
    18.7　思考题 ·· (148)

实验十九　扫描电子显微镜的使用 ·· (149)
    19.1　实验目的 ··· (149)
    19.2　扫描电子显微镜的基本原理 ·· (149)
    19.3　扫描电子显微镜的基本构造 ·· (149)
    19.4　扫描电子显微镜的操作和维护 ······································· (151)
    19.5　实验设备及材料 ·· (154)
    19.6　实验内容及步骤 ·· (154)
    19.7　注意事项 ··· (154)
    19.8　实验报告 ··· (155)
    19.9　思考题 ·· (155)

实验二十　XRD 衍射仪的使用 ·· (156)
    20.1　实验目的 ··· (156)
    20.2　XRD 衍射仪的基本原理 ·· (156)
    20.3　XRD 衍射仪的操作和维护 ··· (157)
    20.4　实验设备及材料 ·· (159)
    20.5　实验内容及步骤 ·· (159)
    20.6　注意事项 ··· (160)
    20.7　实验报告 ··· (160)
    20.8　思考题 ·· (161)

参考文献 ··· (162)

实验一　金相显微镜的基本原理、构造和使用方法

随着材料学科的发展和完善，利用金相显微镜进行材料显微组织的观察成为研究相关材料的基本方法。在科学研究和工业生产中，金相显微镜的应用范围广泛，了解金相显微镜的基本原理和构造，掌握金相显微镜的操作流程，熟练使用金相显微镜对材料进行显微组织观察和分析是本课程的基本任务。

1.1　实验目的

（1）了解金相显微镜的基本原理。
（2）了解金相显微镜的基本构造。
（3）掌握金相显微镜的操作和维护方法。
（4）初步认识金相显微镜下的组织特征。

1.2　金相显微镜的基本原理

金相显微镜是研究材料内部组织的重要设备之一，为了更好地观察材料内部的组织，必须了解金相显微镜的基本原理。

金相显微镜通过透镜观察材料，将物像放大后呈现到人眼中，其放大原理如图 1-1 所示。

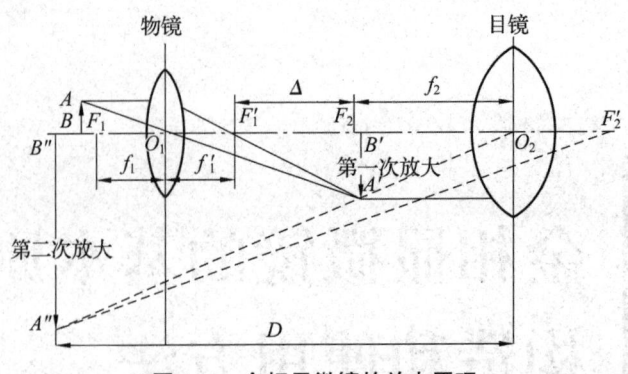

图 1-1 金相显微镜的放大原理

待观察物体 AB 放于物镜的一倍焦距(F_1)与二倍焦距之间，依据凸透镜成像原理，在凸透镜的另一侧二倍焦距外形成一个倒立的、放大的实像 $A'B'$。此时调整镜头，如果实像 $A'B'$ 刚好处于目镜的前一倍焦距(F_2)内，依据凸透镜成像原理，在凸透镜的同一侧前二倍焦距($2F_2$)外形成一个正立的、放大的虚像 $A''B''$。通过目镜观察到的物体 AB 的像就是经过物镜和目镜两次放大后形成的，此时物体 AB 的放大倍数(M)即为物镜放大倍数($M_物$)和目镜放大倍数($M_目$)的乘积。

物体 AB 经过物镜的一次放大倍数为：

$$M_物 = A'B'/AB = (\Delta + f_1')/f_1 \tag{1-1}$$

式中：Δ——显微镜镜筒长；
　　　f_1——物镜前焦距；
　　　f_1'——物镜后焦距。

物镜后焦距 f_1' 相对于显微镜镜筒长 Δ 很小，近似忽略。可得下式：

$$M_物 \approx \Delta/f_1 \tag{1-2}$$

虚像 $A'B'$ 经过目镜的二次放大倍数为：

$$M_目 = A''B''/A'B' \approx D/f_2 \tag{1-3}$$

式中：D——人眼明视距离，$D \approx 250\ mm$；
　　　f_2——目镜前焦距。

通过分析计算，得到物体 AB 的放大倍数为：

$$M = M_物 \times M_目 = \frac{\Delta}{f_1} \times \frac{D}{f_2} \tag{1-4}$$

应当注意的是，物镜在进行放大观察时会起到放大和分辨物像的作用，目镜只能够放大由物镜得到的物像而不能予以分辨。因此，金相显微镜的显微功能由物镜实现，物镜是金相显微镜的主要部分，特别昂贵，使用金相显微镜时，要特别注意保护物镜。

1.3　金相显微镜的基本构造

普通的金相显微镜构造如图 1-2 所示。普通的金相显微镜通常由三大系统构成，分别为光学系统、照明系统和机械系统。

实验一 金相显微镜的基本原理、构造和使用方法

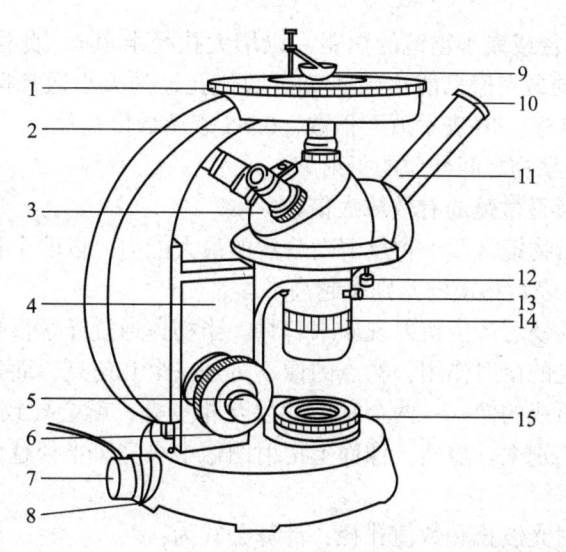

1—载物台；2—物镜；3—物镜转换器；4—传动箱；5—微动调焦手轮；6—粗动调焦手轮；7—光源；8—偏心圈；9—试样；10—目镜；11—目镜管；12—固定螺钉；13—调节螺钉；14—视场光阑；15—孔径光阑。

图 1-2 普通的金相显微镜构造

1.3.1 光学系统

光学系统构件主要是物镜和目镜，通过物镜和目镜的配合，可得到放大的、清晰的金相组织图片。

1. 物镜

1) 物镜的数值孔径

物镜的数值孔径表征物镜的聚光能力，是物镜的重要性质之一，增强物镜的聚光能力可提高物镜的鉴别率。

数值孔径通常以符号"$N.A.$"表示，即 Numerical Aperture 的缩写，如图 1-3 所示。根据理论推导得出：

$$N.A. = n \cdot \sin u \tag{1-5}$$

式中：n——物镜与观察物之间介质的折射率；

u——物镜的孔径半角。

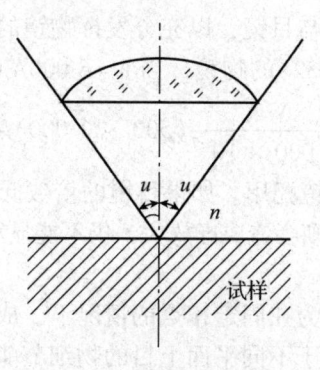

图 1-3 物镜的数值孔径

由上式可知，数值孔径与参数 n 和 u 有关，因此提高数值孔径的途径如下。

(1) 增大透镜的直径或减小物镜的焦距,以增大孔径半角 u。此法会导致像差增大及制造困难,实际上 $\sin u$ 的最大值只能达到 0.95。数值孔径的大小通常标注在物镜或聚光镜的外壳上,如 40/0.65 字样,40 表示放大倍数,0.65 表示数值孔径。

(2) 增加物镜与观察物之间介质的折射率 n。

2) 物镜的鉴别率及显微镜的有效放大倍数

物镜的鉴别率是指物镜将两个物点清晰分辨的最大能力,以两个物点能清晰分辨的最小距离 d 表示。d 越小,表示物镜的鉴别率越高。

鉴别率用光通过透镜后产生衍射现象来解释,当物体通过光学仪器成像时,每一物点对应有一像点,但由于光的衍射作用,物点的像不再是一个几何点,而是有一定大小的衍射亮斑。靠近的两个物点所成的像——两个亮斑如果互相重叠,就会导致这两个物点分辨不清,从而限制光学系统的鉴别率。显然,像面上衍射图像中央亮斑半径越大,系统的分辨能力越小,即鉴别率越小。

鉴别率取决于入射光波长和数值孔径,计算公式为:

$$d = \lambda/(2N.A.) \tag{1-6}$$

式中:λ——入射光波长。

由上式可知,物镜的数值孔径越大,入射光的波长越短,则物镜的分辨能力越高。在可见光中,按照赤橙黄绿蓝靛紫的顺序,波长逐渐减小,研究表明,观察时常使用黄绿光,照相时改用蓝色光,可使物镜镜的分辨能力提高 25% 左右。

在金相显微镜中,保证物镜的鉴别率充分利用时所对应的金相显微镜的放大倍数,称为金相显微镜的有效放大倍数。有效放大倍数可由以下关系推出:人眼在明视距离(250 mm)处的分辨能力为 0.15~0.30 mm,因此,需将物镜能鉴别的距离 d 经显微镜放大后成 0.15~0.30 mm 才能被人眼所分辨。若以 M 表示金相显微镜的放大倍数,则:

$$d \cdot M = 0.15 \sim 0.30 \text{ mm}$$

$$M = \frac{0.15 \sim 0.30}{d} = \frac{(0.15 \sim 0.30)N.A.}{0.5\lambda} = (0.3 \sim 0.6)\frac{N.A.}{\lambda} \tag{1-7}$$

此时的放大倍数即为金相显微镜的有效放大倍数,通常以 $M_{有效}$ 表示,则:

$$M_{有效} = (0.3 \sim 0.6)\frac{N.A.}{\lambda} \tag{1-8}$$

由上式可知,金相显微镜的有效放大倍数由物镜的数值孔径及入射光波长决定。已知有效放大倍数,就可正确选择物镜与目镜,以充分发挥物镜的分辨能力而又不致造成虚放大。

例如,选用 $N.A. = 0.65$ 的 32× 的物镜,当 $\lambda = 6\,000\text{Å}$ 时,则:

$$M_{有效} = (0.3 \sim 0.6)\frac{N.A.}{6\,000 \times 10^{-7}}(500 \sim 1\,000)N.A. = (325 \sim 650)\times$$

因此,应选择 10~20 倍的目镜配用。如果目镜的倍数低于 10,则未充分发挥物镜的分辨能力;如果目镜的倍数高于 20,则会造成虚放大,仍不能显示超过物镜鉴别率的微细结构。

3) 垂直鉴别率

垂直鉴别率又称景深,定义为在固定相点的情况下,成像面沿轴向移动仍能保持图像清晰的范围。它用来表征物镜对位于不同平面上目的物细节能否清晰成像。垂直鉴别率的大小由满意成像的平面的两个极限位置(位于聚焦平面之前和之后)间的距离来量度。

如果人眼分辨能力为 0.15~0.30 mm,n 为观察物所在介质的折射率,$N.A.$ 为物镜的数值孔径，M 为显微镜的放大倍数，则垂直鉴别率 h 可由下式求出：

$$h = \frac{n}{(N.A.) \cdot M} \times (0.15 \sim 0.30) \text{ mm} \tag{1-9}$$

由上式可知，如果要求较大的垂直鉴别率，最好选用数值孔径小的物镜，或减小孔径光阑以缩小物镜的工作孔径，但这样就不可避免地降低了显微镜的分辨能力。这两个矛盾因素，只能视具体情况进行取舍。

4）机械镜筒长度

为保证物镜在最佳校正范围内工作，得到清晰度较好的图像，要求物镜一定要在规定的机械镜筒长度上使用。金相显微镜的机械镜筒长度指物镜座面到目镜筒顶面的距离，对指定的一套光学仪器是固定不变的。一般的金相显微镜的机械镜筒长度为 160 mm、170 mm、190 mm。此外，金相显微镜在摄影时，由于放大倍率不同，映像投射距离变动很大，因此优良的金相显微镜物镜的像差是按任意机械镜筒长度校正的，即在无限长的范围内成像，物镜的像差均已校正。

5）性能标志

物镜的主要性能通常标注在物镜的外壳上，主要包括以下几种。

（1）物镜类型。

国产物镜标有物镜类别的汉语拼音字头，如平面消色差物镜标以"PC"。

（2）放大倍数。

例如，标有 15×、20×、32×、40× 分别表示其放大倍数为 15、20、32、40。

（3）数值孔径。

物镜数值孔径的数值均在物镜上直接标注，如 0.30、0.65、0.95 分别表示物镜的数值孔径为 0.30、0.65、0.95。

（4）适用的机械镜筒长度。

例如，标有 170 mm、190 mm、∞/0 分别表示物镜适用的机械镜筒长度为 170 mm、190 mm、无限长。

（5）油浸物镜。

凡油浸物镜均有特别标志，国外生产的物镜常刻以"oil"；国产物镜则刻以"油"，或汉语拼音字头"y"。

图 1-4 为某国产物镜的性能标志，"PC"表示此物镜为平面消色差物镜；"40×"表示其放大倍数为 40；"0.65"表示物镜的数值孔径为 0.65；"∞/0"表示物镜适用的机械镜筒长度为无限长。

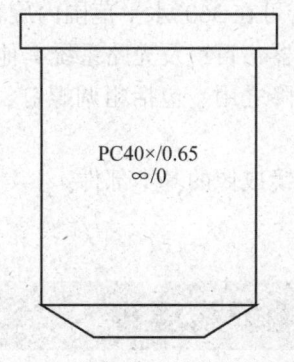

图 1-4 某国产物镜的性能标志

2. 目镜

目镜是用来观察由物镜所成的像的放大镜。其作用是使物体在进行显微观察时，于明视距离处形成一个清晰放大的虚像；在显微摄影时，通过投射目镜使在承影屏上得到一个放大的实像；某些目镜除放大作用之外，还能将物镜造像的残余像差予以校正。

各类目镜按像差校正及适用范围说明如下。

1) 福根目镜

福根目镜未进行像差校正，或仅做部分球差校正，造像仍有一定程度的像差和畸变。其放大率一般不超过15×，适宜与低倍、中倍消色差物镜配用。

2) 雷斯登目镜

雷斯登目镜对像场弯曲及畸变有良好的校正，对球差有一定程度的校正，但放大率色差较严重。除用于显微观察或摄影投射外，还可单独作为放大镜使用。

3) 补偿型目镜

补偿型目镜具有过度地校正放大率色差的特征，以补偿复消色差物镜或半复消色差物镜的残余色差，故称为补偿型目镜。由于像差校正极佳，故它的放大率较高（最高可达30×）。宜与复消色差物镜配用，但切记不要与消色差物镜配用，以免使映像产生负向色差。

1.3.2 照明系统

金相显微镜的照明系统用于照明。照明分为明视场照明和暗视场照明，通常采用明视场照明，特殊用途时则采用暗视场照明。明视场照明时，光线通过物镜直射在试样上，试样表面光滑部分反射光都可进入物镜，在物镜中看到的是白色；射在试样晶界或高低不平处的光线，经过漫反射而不能进入物镜，在目镜中看到的是暗色。暗视场照明时，光线斜射在试样上，光滑的表面反射光不能进入物镜，而呈暗色；表面高低不平处的反射光有可能进入目镜，而呈白色。由于暗视场照明入射光倾角大，物镜有效数值孔径增大，提高了鉴别率。

1.3.3 机械系统

金相显微镜的机械系统主要有底座、载物台、镜筒、调节螺钉及照相部件等，其作用如下。

(1) 底座：起支撑整个镜体的作用。

(2) 载物台：用于放置金相试样。一般备有在水平面内能前后、左右移动的螺钉及刻度，以改变观察部位；有的载物台可在360°水平范围内旋转。

(3) 镜筒：是物镜、垂直照明器、目镜及光路系统其他元件的连接筒。

(4) 调节螺钉：供调节镜筒升降之用。包括粗调螺钉、微调螺钉，共同完成显微映像的聚焦调节。

(5) 照相部件：完成金相显微镜成像的基本部件。

1.4 金相显微镜的操作和维护

金相显微镜属于精密的光学仪器，操作者必须充分了解其基本原理、构造特点、性能及使用方法，并严守操作规程，才能更好地使用金相显微镜。

（1）金相显微镜应放置在干燥通风、少尘埃及不易发生腐蚀的室内。室内相对湿度应小于70%，要注意适时通风，同时仪器不宜长期受阳光直射。室内温度过低时，金相显微镜机械部分的润滑油脂容易冻结，使操作困难，在冬季无暖气设备的室内，可用空调或电炉维持室内温度。

（2）金相显微镜使用完毕，应取下镜头收藏在置有干燥剂的容器中，并注意经常更换干燥剂；在物镜、目镜装置处放上防护罩，以防尘埃进入镜体；最后用罩子将整个金相显微镜体盖好，仪器周围或内腔最好放置防霉剂。

（3）操作时，双手及试样要干净，绝不允许将浸蚀剂未干的试样放在金相显微镜下观察，以免腐蚀物镜等光学元件。

（4）操作时应精力集中，接通电源时应通过变压器，装卸或更换镜头时必须轻、稳、细心。

（5）聚焦时，应先转动粗调螺钉，使物镜尽量接近试样（目测），然后边从目镜中观察，边调节粗动调焦手轮，使物镜渐渐离开试样，直到看到显微组织映像时，再使用微动调焦手轮调至映像清晰为止。

（6）油浸物镜用毕后应立即擦净。方法是：首先用镜头纸将镜头表面残留的油擦去，再浸润少许（1滴）二甲苯溶液或丙酮擦拭，最后用干净镜头纸（或绸布）擦干净。擦干的目的是防止溶液将镜头内粘合树胶脱溶，损坏物镜。

（7）金相显微镜的光学元件严禁用手或手帕等擦拭，必须先用专用的橡皮球吹去表面尘埃，再用干净的驼毛刷或镜头纸轻轻擦净。

1.5 实验设备及材料

（1）倒置式金相显微镜，如图1-5所示。

图1-5 倒置式金相显微镜

（2）不同热处理状态的金相试样：20钢（正火）、45钢（正火）、T8钢（淬火）、T10钢（淬火）。

1.6 实验内容及步骤

（1）教师讲解金相显微镜的基本原理、构造、操作和维护方法。

（2）教师实际操作金相显微镜进行标准金相试样的观察，在观察中不断调节金相显微镜的焦距和照明系统，得到视场清楚的100×和500×金相图片，拍照，添加比例尺，存储。

（3）根据班级情况，对学生进行分组，每组控制在3~5人。每组学生领取不同处理状态的标准金相试样，把试样放到金相显微镜载物台上，转动调节螺钉，得到100×和500×的若干清晰金相图片，手动画出简要金相组织，并标明组织各部分的名称。

1.7 注意事项

（1）操作时，切勿口对目镜讲话，以免镜头受潮污染。若镜头模糊不清，举手报告教师，严禁个人用手指、面巾纸、衣袖等擦拭目镜。

（2）领到标准的金相试样后，切勿用手指去触碰待观察面或把待观察面与桌面接触，以免污染或划伤待观察面，影响观察效果。

（3）实验完毕后，关闭计算机主机电源、显示器电源和金相显微镜电源，盖好防尘罩。

1.8 实验报告

（1）实验目的。

（2）实验设备和仪器。

（3）金相显微镜基本的光学原理及构造。

（4）金相显微镜的使用方法和注意事项。

（5）根据观察到的显微组织，手动画图（尺寸为 $\phi 40$ mm）并说明材料名称、处理状态、放大倍数和组织中各部分名称，将观察结果填入表1-1中。

表1-1 观察结果

材料名称	处理状态	放大倍数	组织简图/各部分名称

续表

材料名称	处理状态	放大倍数	组织简图/各部分名称

(6)结合本次实验,说明自己的体会和对本次实验的意见。

1.9 思考题

(1)选择数值孔径的实际意义是什么?它与有效孔径放大倍数有什么关系?
(2)提高金相显微镜鉴别率的可能途径有哪些?
(3)如何调节并观察到最清晰的金相图片?这个过程中,视场亮度是如何变化的?
(4)普通的金相显微镜主要由哪几个系统组成?

实验二 金相试样的制备

为了能够在金相显微镜下对材料显微组织进行清晰、准确地观察和分析,首先需要制备合格的金相试样。合格的金相试样是对显微组织进行观察和分析的必要条件,其制备需要一系列的步骤。制备的过程非常重要,关系到后期观察到的金相质量和分析的客观性。通过本实验,能够提高学生的金相试样制备水平。

2.1 实验目的

(1)掌握金相试样的制备过程。
(2)学会使用制备金相试样的设备。
(3)了解金相试样制备过程中产生的缺陷及防止措施。

2.2 金相试样制备的基本原理

用金相显微镜观察和研究材料内部组织,一般分为以下3个阶段:
(1)从待观察材料上截取形状适合观察的金相试样;
(2)采用磨制抛光和腐蚀工序,并对抛光好的材料进行适当的腐蚀操作,以显示表面的组织;
(3)用金相显微镜观察和研究金相试样表面的组织。

这3个阶段是一个有机的整体,无论哪一个阶段操作不当,都会影响最终效果,因此不应忽视任何一个阶段。3个阶段配合好才能够制备出合格的金相试样,完成对材料显微组织的观察和分析。

2.2.1 取样

1. 取样部位及检验面的选择

取样部位及检验面的选择取决于被分析材料或零件的特点、加工工艺过程、热处理过程及服役环境等条件,应选择有代表性的部位。生产过程中,对于常规检验所用试样的取样部位、形状、尺寸都有明确的规定。对于零件失效分析的试样，应该根据零件失效的原因，分别在材料失效部位和完好部位取样，以便对比分析；对于分析零件断裂原因的试样，需要在断裂位置附近进行取样，以便分析断裂形成原因和影响机制。

2. 金相试样的截取方法

在截取金相试样时，应该保证金相试样被观察的截面不产生组织变化，因此对不同的材料要采用不同的截取方法：对于软材料，可以用锯、车、刨等加工方法；对于硬材料，可以用砂轮切片机（见图2-1）切割或电火花切割等方法；对于硬而脆的材料，如白口铸铁，可以用锤击等方法；在大工件上取样，可用氧气切割等方法。对于使用砂轮切片机切割或电火花切割时，应注意采取冷却措施，以减少受热引起的金相试样组织变化，避免影响观察效果和分析组织。金相试样上由截取引起的变形层或烧损层必须在后续工序中去掉，否则会干扰组织分析结果。另外，在金相试样截取过程中，要注意金相试样的方向，使用记号笔（钢印）标记好截取位置和方向，防止因错误的位置干扰实验结果而得出错误的结论。

图2-1 砂轮切片机

3. 金相试样尺寸

金相试样的尺寸以便于握持、易于磨制为准。对于圆形截面金相试样，其一般为直径15~25 mm，高15~20 mm的圆柱体；对于方形截面的金相试样，其一般为截面边长15~25 mm的长方体。

对于形状特殊或尺寸细小不易握持的金相试样，要进行机械夹持或镶嵌，如图2-2所示。

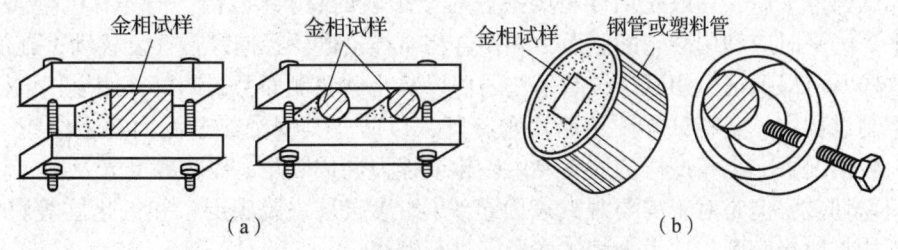

图2-2 金相试样的机械加持和镶嵌
(a)机械夹持；(b)镶嵌

机械夹持就是利用两片较薄的金属片作为夹持面，待夹小金相试样放在两片薄的金属片之间，然后用螺栓进行紧固。该种固定方式的优点是方便，不破坏金相试样的原貌。

一般情况下，如果金相试样大小合适，则不需要镶嵌，但尺寸过小或形状极不规则者，如带、丝、片、管，则制备起来十分困难，这时就必须把金相试样镶嵌起来。相对于机械夹持，镶嵌具有固定性好的优点，但镶嵌金相试样制备较费时。金相试样镶嵌机和镶嵌粉如图2-3所示。

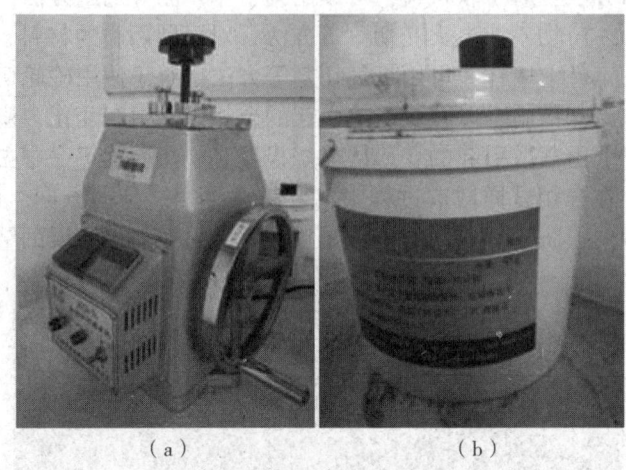

图2-3 金相试样镶嵌机和镶嵌粉
(a)金相试样镶嵌机；(b)镶嵌粉

目前一般采用塑料镶嵌。镶嵌材料有热凝性塑料(如胶木粉)、热塑性塑料(聚氯乙烯)、冷凝性塑料(环氧树脂加固化剂)等，这些材料都各有特点。胶木粉不透明，有各种颜色，而且比较硬，试样不易倒角，但抗强酸强碱的耐腐蚀性能比较差。聚氯乙烯为半透明的，抗酸碱的耐腐蚀性能好，但较软。用这两种材料镶嵌均需用专门的镶嵌机，对加热温度和压力都有一定要求，并会引起淬火马氏体回火、软金属发生塑性变形。用环氧树脂镶嵌，浇注后可在室温下固化，因而不会引起试样组织发生变化，但这种材料比较软。此外，还可以采用机械镶嵌法，即用夹具夹持试样。

2.2.2 金相试样制备

金相试样在取样成功后，开始进行正式的制备工序，金相试样制备流程如图2-4所示。

1. 粗磨

金相试样取下后，一般先用砂轮磨平。对于很软的材料(如铝、铜等有色金属)，可用锉刀锉平。磨平时应利用砂轮的侧面，并使金相试样沿砂轮径向缓慢往复移动，施加压力要均匀。这样既可以保证金相试样被磨平，还可以防止砂轮侧面磨出凹槽，使金相试样无法磨平。在磨制过程中，金相试样要不断用水冷却，以防止其因受热升温而产生组织变化。此外，在一般情况下，金相试样的周界要用砂轮或锉刀磨成圆角，以免在磨光及抛光时将砂纸和抛光织物划破，但是对于需要观察表面组织(如渗碳层、脱碳层、和氮化层等)的金相试样，则不能将边缘磨圆，这类金相试样最好进行镶嵌。

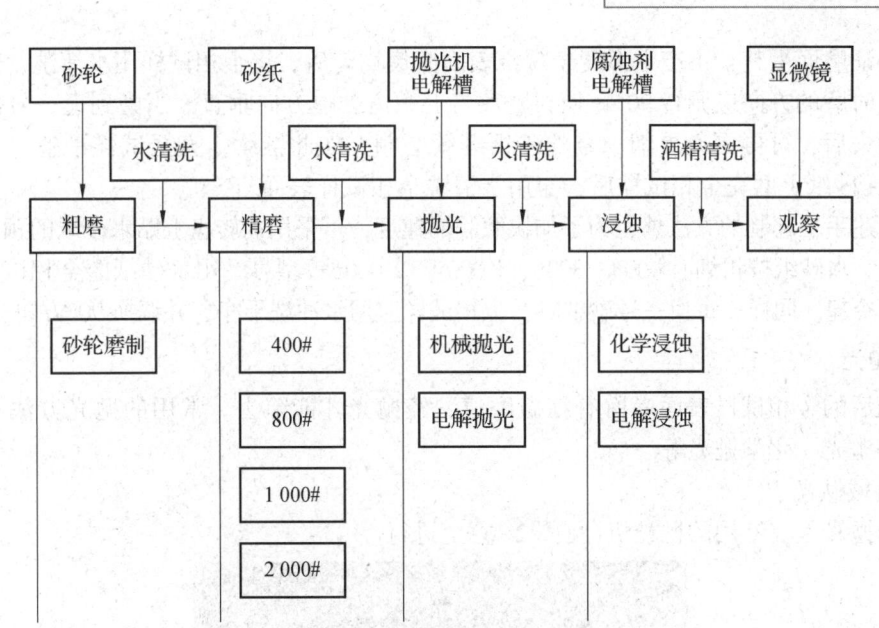

图 2-4　金相试样制备流程

2. 精磨

粗磨后的金相试样待观察面较平整，经过水清洗后，开始精磨。

精磨通常是在砂纸上进行的。砂纸上的每颗磨粒可以看成是一个具有一定迎角(磨粒的前导面与金相试样平面之间的角)的单点刨刀，迎角大于临界值的磨粒才能切除金属，小于临界值的只能压出磨痕(钢铁材料的临界迎角为90°)。

因此，金相试样的磨光除了要使表面光滑平整，每一道磨光工序必须除去前一道工序造成的变形层(至少应使前一工序产生的变形层减少到本道工序产生的变形层深度)，而不是只把前一道工序的磨痕除去；同时，该道工序本身应做到尽可能减少损伤，以便于进行下一道工序。最后一道磨光工序产生的变形层深度应非常浅，要保证能在下一道抛光工序中除去。

精磨可采用手工磨或机械磨。手工磨通常在一套粗细不同的金相砂纸上依次进行，手工磨制的过程如图 2-5 所示。

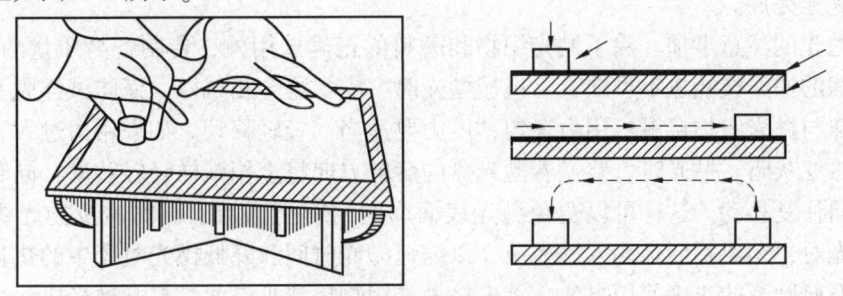

图 2-5　手工磨制的过程

经过粗磨后的金相试样表面进行精磨时，砂纸可由粗到细选用以下几个粒度：400#、800#、1 000#、2 000#。精磨时，按照砂纸由粗到细的顺序依次选用砂纸，将金相试样沿垂直于上一道磨制方向向前推送，用力须均匀，回程时应将金相试样微微提起，不与砂纸接触,以保证磨面平整,不产生弧度。观察表面磨痕均匀后,将金相试样用水清洗,然后更换砂纸,这时磨的方向应调转90°,使新磨痕与上一道磨痕方向垂直。当磨到上一号砂纸的磨痕全部消失后,可再更换更细一号的砂纸继续磨制,如此继续,直至试样平整、光滑为止(注意:在砂纸上磨完金相试样后,要用水清洗金相试样表面)。

除上述手工磨制的方法外,为了加快磨制的速度,可采用在转盘上贴水砂纸的预磨机进行机械磨制。水砂纸按粗细有400#、800#、1 000#、2 000#等型号。用水砂纸磨金相试样时,应不断加水冷却。同样,每换一号砂纸时,金相试样应用水冲洗干净,并调换90°方向。

3. 抛光

磨光后的金相试样表面尚留有细微磨痕,经抛光才能除去。常用的抛光方法有机械抛光、电解抛光、化学抛光等。

1) 机械抛光

机械抛光是在专用的抛光机(见图2-6)上进行。

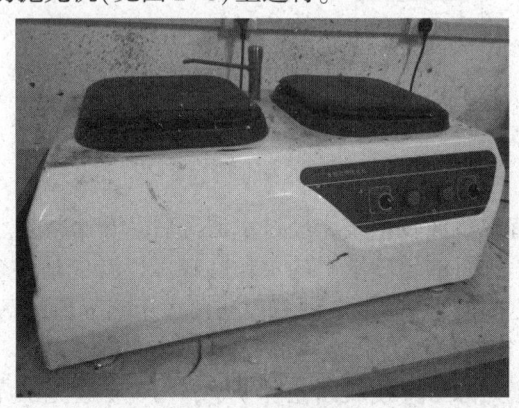

图 2-6 抛光机

抛光机有一个由马达带动的旋转圆盘,转速为200~2 000 r/min。抛光盘上铺以不同材料的抛光布。粗抛时常用帆布或粗呢,精抛时用绒布、细呢或丝绸等。抛光过程中要不断滴加 Al_2O_3、Cr_2O_3 或 MgO 的悬浮液。试样的磨面应均匀地、平整地压在旋转的抛光盘上,压力不宜过大,并从边缘到中心不断地做径向往复移动,待试样表面磨痕全部消失且呈光亮的镜面时,抛光完成。

机械抛光的注意事项:除了抛光织物和磨料的正确选用外,要制备高质量的金相试样,正确、熟练的操作技能也不可缺少。机械抛光时,应拿稳金相试样,谨防试样脱手伤人,持平金相试样与抛光织物接触,用力轻匀,压力要适当,轻轻移动。如果用力过大,金相试样表面易发热变灰暗。抛光时,要逆着抛光盘的旋转方向将金相试样轻轻转动,同时沿抛光盘的径向方向往复移动。这样可以避免抛光表面产生"拽尾"现象,同时减少抛光织物的局部磨损。抛光时,还要不断地滴入抛光液,以缩短抛光时间和降低抛光时产生的热量。

金刚石研磨膏的正确使用方法:首先将抛光织物用清水浸湿,打开抛光机,甩出抛光织物上多余的水分,使抛光织物潮湿之后关闭电源。将研磨膏均匀地涂抹在湿润的抛光织物上,使其嵌入织物内,重新启动电动机进行抛光。研磨膏的用量要适当,避免浪费。应适当地保持抛光织物上的湿润度,如果抛光织物太湿润,抛光时间又长,抛光面往往会出现化学缺陷——蚀坑,俗称麻点。如果抛光织物不清洁或磨料没有保存好,混入尘粒,抛光面上会出现物理缺陷——划痕。一旦出现表面缺陷，需要重新用 1 000#或 800#细砂纸进行磨光和抛光。正常情况下，金相试样抛光 2~5 min 即能完成。

2）电解抛光

电解抛光是利用阳极腐蚀法使金相试样表面变得光亮的一种方法。将金相试样放入电解槽中，作为阳极，用不锈钢板或铅板作阴极，使金相试样和阳极之间保持一定的距离（20~30 mm），通以直流电源，使金相试样表面凸起部分被溶解而抛光。电解抛光的速度快，表面光洁且不产生塑性变形，能更确切地显示真实的金相组织；但工艺规范不易控制。电解抛光原理如图 2-7 所示。

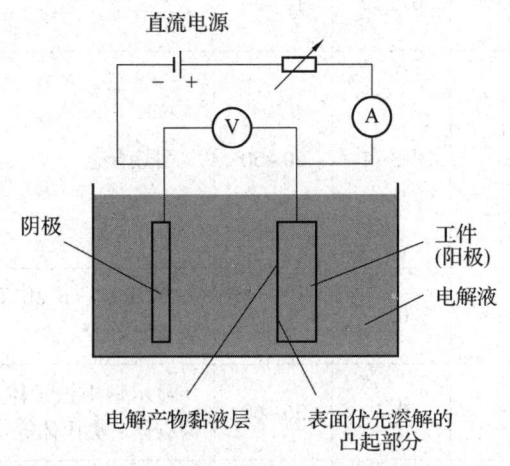

图 2-7 电解抛光原理

电解抛光的优点如下：

（1）无扰乱层，特别适用于铝、铜和奥氏体钢等；
（2）抛光速度快，规范一经确定，效果稳定；
（3）表面光滑，无磨痕；
（4）适当降低电压，可以随即进行浸蚀。

电解抛光的缺点如下：

（1）对不同材料，需要摸索可行的具体规范；
（2）对多相合金或显微偏析时，容易发生某些项的选择浸蚀或金属基体与夹杂物界面处的剧烈浸蚀，达不到抛光的效果；
（3）溶液成分多样、复杂，配制、存放、使用过程中的每个环节都要注意安全。

常用电解抛光液及注意事项如表 2-1 所示。

表 2-1 常用电解抛光液及注意事项

序号	配方	空载电压 /V	电流密度 /(A·mm^{-2})	时间 /s	适用范围	注意事项
1	高氯酸 20 mL 酒精 80 mL	20~50	0.5~3	5~15	钢铁、铝及铝合金、锌合金等	（1）温度低于 40 ℃ （2）新配试剂效果更好

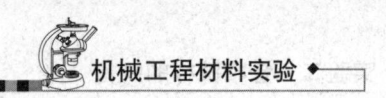

续表

序号	配方	规范 空载电压/V	规范 电流密度/(A·mm^{-2})	规范 时间/s	适用范围	注意事项
2	磷酸 90 mL 酒精 10 mL	10~20	0.3~1	20~60	铜及铜合金	用低电流可进行电解浸蚀
3	高氯酸 10 mL 冰醋酸 100 mL	60	0.5~2	15~20	钢、镍基高温合金等	
4	硫酸 10 mL 甲醇 90 mL	10	0.3~1	20~50	耐热合金	（1）先倒入甲醇，然后将硫酸徐徐加入，以防爆炸 （2）电浸时电压降至3 V
5	草酸 10 mL 水 100 mL	10	0.3	5~15	奥氏体、σ相及碳化物等	
6	铬酐 10 g 水 100 g	18	0.3	36~60	显示钢中铁素体、渗碳体、奥氏体等	
7	明矾和水溶液	18	0.5~1	36~60	显示奥氏体、不锈钢晶界等	
8	磷酸 20 mL 蒸馏水 80 mL	1~3	0.5~2	36~60	显示耐热合金中金属件化合物	

3）化学抛光

化学抛光是依靠化学溶液对金相试样表面的电化学溶解而获得抛光表面的抛光方法。它操作比较简单，就是将金相试样浸在抛光液中，或用棉签蘸取抛光液，在金相试样磨面上来回擦拭几秒到几分钟，依靠化学腐蚀作用使其表面发生选择性溶解，从而得到光滑、平整的表面。普通钢铁材料可采用以下抛光液配方：草酸 6 g，蒸馏水 100 mL，过氧化氢（双氧水）100 mL，氢氟酸 1.5 mL。抛光后应用清水和无水酒精清洗。

4. 浸蚀

抛光后的金相试样，若直接放在显微镜下观察，只能看到一片亮光，此时仅能观察其中的某些非金属夹杂物、灰口铸铁中的石墨、粉末冶金制品中的孔隙等；无法辨别出各种组成物及其形态特征。若要显示金属材料组织，必须经过适当的浸蚀。浸蚀包括化学浸蚀和电解浸蚀。

1）化学浸蚀

对于纯金属和单相合金来说，浸蚀是一个化学溶解过程，如图 2-8 所示。金相试样抛光表面存在一层很薄的抛光引起的硬化层，并覆盖着金属或合金的组织。化学浸蚀时，硬化层溶解，而且晶粒间界处优先被浸蚀出一些凹坑，这些凹坑在显微镜下就成了黑色曲线（因为光线漫反射不能进入目镜，所以呈黑色）。若浸蚀深一些，各个晶粒由于耐腐蚀程度不同而浸蚀成不同倾斜度的平面，所以在显微镜下各晶粒的亮度不相同。

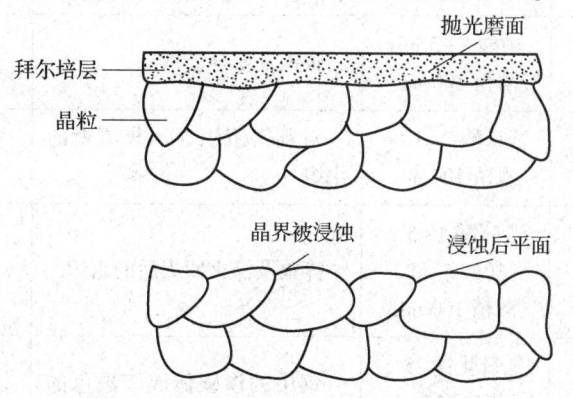

图 2-8 纯金属和单相合金的化学浸蚀过程

对于两相或两相以上的合金来说，浸蚀主要是一个电化学腐蚀过程。合金中的两个组成相具有不同的电极电位，在浸蚀剂中，两相之间就形成了无数对"微电池"，具有较高正电位的相称为阴极，在正常电化学作用下不受浸蚀，保持原有的光滑平面；具有较高负电位的相称为阳极而易迅速溶入浸蚀剂中，因此使试样表面凹凸不平。当光线照射到凹凸不平的表面时，由于各处光线反射的程度不同，在显微镜下就能观察到不同的组织和相。图 2-9 所示为共析钢(T8)退火组织浸蚀过程，铁素体(F)易被浸蚀，渗碳体(Fe_3C)不易被浸蚀，因此渗碳体凸出而铁素体凹下，从而在显微镜下显示出铁素体和渗碳体的交界线。

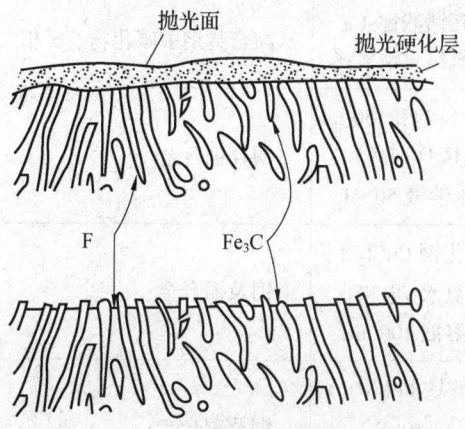

图 2-9 共析钢(T8)退火组织浸蚀过程

对于钢铁材料，最常用的浸蚀剂为4%硝酸酒精溶液或4%苦味酸酒精溶液。前者浸蚀热处理后的组织较适合，后者浸蚀缓冷后的组织较好。浸蚀的方法有浸入法和擦拭法。浸入法的浸蚀时间根据要求确定，不能太长也不能太短，一般使试样表面由亮变灰白色即可。浸蚀后应立即用水冲洗，然后用酒精擦洗，用吸水纸吸干或吹风机吹干，才能在显微镜下观察。注意，金相试样表面不能用纸或其他东西去擦，更不能用手去摸，否则表面就会受到损坏，无法观察。常用浸蚀剂如表 2-2 所示。

擦拭法是用蘸有浸蚀剂的棉花球不断擦拭抛光面，使新鲜浸蚀剂不断与表面作用，加快腐蚀过程。

表 2-2 常用浸蚀剂

序号	试剂名称	成分	适用范围	注意事项
1	硝酸酒精溶液	硝酸 1~5 mL 酒精 100 mL	碳钢及低合金钢	按材料选择硝酸含量，浸蚀数秒
2	苦味酸酒精溶液	苦味酸 2~10 g 酒精 100 mL	对细密组织显示较清晰的组织	浸蚀数秒至数分钟
3	苦味酸盐酸酒精溶液	苦味酸 1~5 g 盐酸 5 mL 酒精 100 mL	淬火及淬火回火后的组织	浸蚀数秒至 1 min
4	氢氧化钠苦味酸水溶液	氢氧化钠 25 g 苦味酸 2 g 水 100 mL	钢中的渗碳体成暗黑色的组织	加热煮沸浸蚀 5~30 min
5	氯化铁盐酸水溶液	氯化铁 5 g 盐酸 50 mL 水 100 mL	不锈钢、高镍奥氏体钢、铜及铜合金	根据经验，一般浸蚀 10~20 s
6	王水甘油溶液	硝酸 10 mL 盐酸 20~30 mL 甘油 30 mL	Ni-Cr 奥氏体合金等组织	先将盐酸与甘油充分混合，然后加入硝酸，实验浸蚀前先用热水预热
7	高锰酸钾氢氧化钠	高锰酸钾 4 g 氢氧化钠 4 g	高合金钢中碳化物、σ 相	煮沸使用，浸蚀 1~10 min
8	氨水双氧水溶液	氨水(饱和) 50 mL H_2O_2 (3%) 水溶液 50 mL	铜及铜合金	新鲜配用，用棉花球擦拭
9	氯化铜氨水溶液	氯化铜 $CuCl_2$ 8 g 氨水(饱和)溶液 100 mL	铜及铜合金	浸蚀 30~60 s
10	硝酸铁水溶液	硝酸铁 $Fe(NO_3)_3$ 10 g 水 100 mL	铜及铜合金	用棉花球擦拭
11	混合酸	氢氟酸(浓) 1 mL 盐酸 1.5 mL 硝酸 2.5 mL 水 95 mL	硬铝组织	浸蚀 10~20 s，或用棉花球擦拭
12	氢氟酸水溶液	氢氟酸 HF(浓) 0.5 mL 水 99.5 mL	一般铝合金组织	用棉花球擦拭

磨面腐蚀深度除与试样性能和显微组织特征有关外，还与浸蚀剂种类及浸蚀时间有关。显微镜的放大倍数对腐蚀深度有不同要求，倍数高，腐蚀深度可略浅，反之可适当加深腐蚀深度。

2) 电解浸蚀

电解浸蚀的装置和操作与电解抛光相同，只是电解浸蚀是在伏安曲线的初始阶段，使用的电压较低。电解浸蚀与电解抛光可以分别进行，亦可在电解抛光后随即降压进行。

5. 观察

制备好的金相试样应保持表面清洁干燥，放到金相显微镜处观察，可以看到视野中有黑色网纹，这些网纹（即晶粒间界网纹）包围起来的区域称为一个晶粒。所谓纯金属的显微组织，是指晶粒的形状、大小和分布。晶粒的形状，也可以是等轴的（即各向尺寸大致相等，接近于圆形），也可以是柱状或杆状的（即有一个方向的尺寸特别大）。晶粒的大小，指在一定的放大倍数下晶粒的尺寸（金相图片上必须有比例尺）。晶粒的分布，可以是任意分布的（即大小相近，没有一定的分布规律）；也可以是晶粒大小相差悬殊，无一定分布规律的；还可以是等轴晶粒集中在某一部位，柱状晶粒集中在另一部位而按一定规律排列起来。

记录观察到的金相显微组织，就是抓住这种组织特征（晶粒的形状大小、分布），把它描绘下来。研究金相组织就是研究其组织特征，所以在描绘组织时，按物像描绘，抓住特征示意绘出。这种组织特征是金属加工过程所决定的，它对金属的性能起着决定性的作用。

描绘金相组织以后，必须在组织下面详细说明：试样的名称、试样的化学成分、试样所代表原件的加工过程、所用浸蚀剂、放大倍数、组织特征的文字描述。对所描绘的组织也应该加以说明。例如，对金属试样的组织，应用箭头指向黑色线条，注明是"晶界"。

2.3 实验设备及材料

（1）倒置式金相显微镜。
（2）粗磨砂轮（见图 2-10）。

图 2-10 粗磨砂轮

(3)金相砂纸(玻璃板)。
(4)抛光机[抛光布、抛光膏(液)]。
(5)棉花球、不锈钢镊子、电热吹风机。
(6)浸蚀剂(4%硝酸酒精溶液)。
(7)金相试样($\phi 20 \times 10$ mm 的 20 钢、35 钢、45 钢、T8 钢、T10 钢、T12 钢)。

2.4 实验内容及步骤

(1)在实验前,必须仔细预习实验指导书,并做好准备。
(2)实验开始前,注意了解本实验所用显微镜的结构、使用方法及操作规程。
(3)实验分组:每组人数在 5~6 人为宜。领取金相试样,按指导书手工磨制金相试样步骤进行磨制、抛光后,对金相试样进行浸蚀。抛光后和腐蚀后的金相试样需要经过指导教师检查,待通过后方可进入显微镜室,仔细观察显微镜的结构并复习操作规程进行操作。
(4)组内学生轮流观察本组制备好的金相试样,得到视场清楚的 100×和 500×金相图片,添加比例尺。观察每一金相试样,写好组织特征的文字说明,描绘这一金相试样的金相显微组织,经指导教师审核后,在图下注明金相试样的各项要素,包括名称、化学成分、加工过程、浸蚀剂、放大倍数。

2.5 注意事项

(1)在进行抛光时,要拿好金相试样,防止某飞出伤人。
(2)抛光和腐蚀后的金相试样一定要经过指导教师检查,否则容易造成制样失败。
(3)浸蚀金相试样时,要戴好手套,防止浸蚀剂伤人。
(4)金相试样制备过程中,注意节约使用水、电、抛光膏(液)、浸蚀剂、酒精等。
(5)金相试样制备过程中,严禁打闹嬉笑。
(6)实验中若出现问题,要及时举手示意,以便教师处理。

2.6 实验报告

(1)实验目的。
(2)实验设备和仪器。
(3)金相试样制备的步骤。
(4)金相试样的浸蚀原理及常用钢铁材料的浸蚀剂种类。
(5)根据观察到的显微组织,手动画图(尺寸为 $\phi 40$ mm)并说明材料名称、加工过程、浸蚀剂和放大倍数,将观察结果填入表 2-3 中。

表 2-3　观察结果

材料名称	加工过程	浸蚀剂/放大倍数	组织简图/各部分名称

(6) 结合本次实验，说明自己的体会和对本次实验的意见。

2.7　思考题

(1) 金相试样制备主要过程及注意事项有哪些？
(2) 在观察金相试样时，发现视场中有很多平行的条纹导致金相组织不清晰，产生这种现象的原因是什么？
(3) 显微试样在什么情况下需要进行镶嵌？
(4) 金相试样的截取方法及注意事项有哪些？

实验三 铁碳合金平衡组织观察与分析

钢铁是目前应用最广泛的材料之一，为了充分挖掘钢铁材料的使用潜力，需要了解钢铁材料内部的组织结构，以便更好地发挥其性能。铁碳合金就是最基本的钢铁材料，其平衡组织是研究铁碳合金的性能及相变的基础，因此观察和分析铁碳合金平衡组织具有重要意义。

3.1 实验目的

(1) 观察和分析铁碳合金(碳钢和铸铁)在平衡状态下的显微组织。
(2) 结合课堂内容，了解含碳量对铁碳合金中的相及组织组成物的本质、状态和相对量的影响，从而加深理解成分、组织和性能之间的相互关系。

3.2 实验基本原理

铁碳合金的显微组织是研究和分析钢铁材料性能的基础。

3.2.1 平衡组织

所谓平衡组织，是指符合平衡相图的组织，即在一定温度、一定成分和一定压力下合金处于最稳定状态的组织。要获得这样的组织，必须使合金发生的相变在非常缓慢的条件下进行。通常将缓冷(退火)后的铁碳合金组织看作平衡组织。

铁碳合金主要包括碳钢和铸铁，根据课堂讲授的 Fe-Fe$_3$C 相图可以看出，所有碳钢和铸铁的室温组织均由铁素体和渗碳体这两个基本相组成。由于含碳量不同，铁素体和渗碳体的相对量、析出条件及分布情况均有所不同，因而呈现各种不同的组织形态。各种铁碳合金在室温下的显微组织如表 3-1 所示。

表 3-1　各种铁碳合金在室温下的显微组织

类型		含碳量/%	显微组织	浸蚀剂
工业纯铁		<0.02	铁素体	4%硝酸酒精溶液
碳钢	亚共析钢	0.02~0.77	铁素体+珠光体	4%硝酸酒精溶液
	共析钢	0.77	珠光体	4%硝酸酒精溶液
	过共析钢	0.77~2.11	珠光体+二次渗碳体	苦味酸钠溶液，渗碳体变黑或呈棕红色
白口铸铁	亚共晶白口铁	2.11~4.3	珠光体+二次渗碳体+莱氏体	4%硝酸酒精溶液
	共晶白口铁	4.3	莱氏体	4%硝酸酒精溶液
	过共晶白口铁	4.3~6.69	莱氏体+一次渗碳体	4%硝酸酒精溶液

各种铁碳合金在室温下的显微组织如图 3-1 所示。

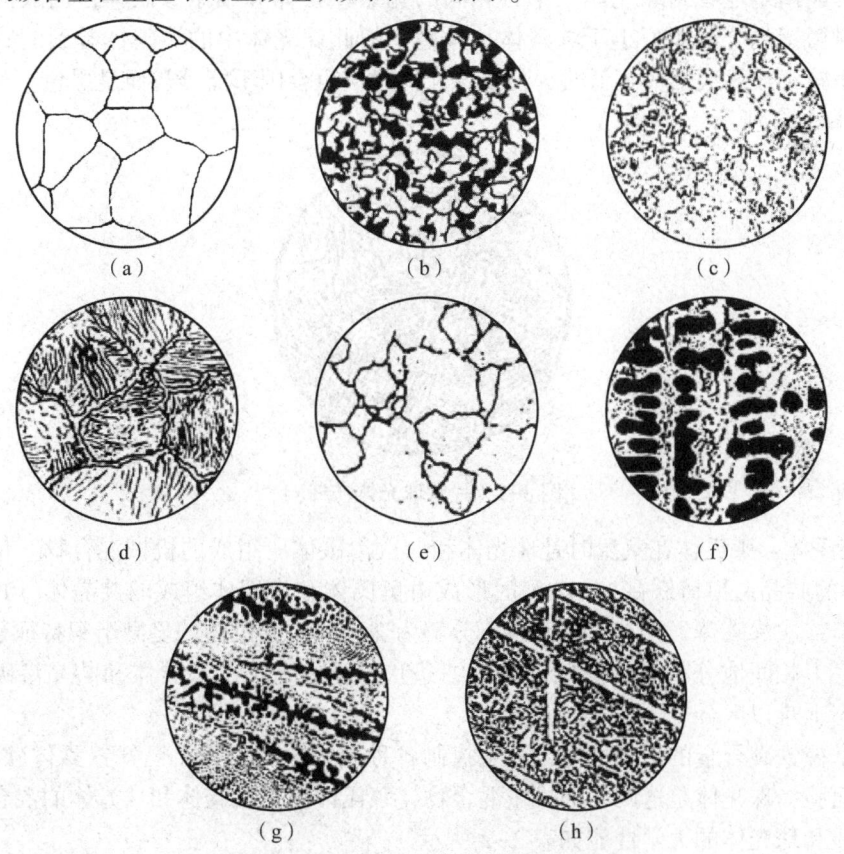

图 3-1　各种铁碳合金在室温下的显微组织

(a)工业纯铁 200×；(b)20 钢 200×；(c)45 钢 500×；(d)T12 钢 450× 4%硝酸酒精；
(e)T12 钢 450× 苦味酸钠；(f) 亚共晶白口铁 100×；(g) 共晶白口铁 100×；(h)过共晶白口铁 100×

表 3-1 中的铁碳合金在金相显微镜下具有下面 4 种基本组织：铁素体、渗碳体、珠光体（P）、莱氏体（Ld′）。但是，从 Fe-Fe$_3$C 相图上可以看出，铁碳合金在常温下只有两相，即铁素体和渗碳体。由于含碳量的不同，这两个基本相的相对量、形状和分布情况有很大的不

同，因此呈现各种不同的组织形态。

(1) 铁素体：铁素体是碳溶解于 α-Fe 中的间隙固溶体。工业纯铁用 4%硝酸酒精溶液浸蚀后，在显微镜下呈现明亮的等轴晶粒；亚共析钢中铁素体呈块状分布；当含碳量接近共析成分时，铁素体则呈现断续的网状分布于珠光体周围。

(2) 渗碳体：渗碳体是铁与碳形成的金属间化合物，其含碳量为 6.69%，质硬而脆，耐蚀性强，经 4%硝酸酒精溶液浸蚀后，渗碳体呈亮白色，而铁素体浸蚀后呈灰白色，由此可区别铁素体和渗碳体。若用苦味酸钠浸蚀，则渗碳体被染成暗黑色或棕红色。按成分和形成条件的不同，渗碳体可以呈现不同的形态：一次渗碳体直接由液体中结晶出，呈粗大的片状；二次渗碳体由奥氏体中析出，常呈网状分布于奥氏体的晶面；三次渗碳体由铁素体中析出，呈不连续片状分布于铁素体晶界处，数量极微，可忽略不计。

(3) 珠光体：片状珠光体是铁素体和渗碳体呈层片状交替排列的机械混合物。经 4%硝酸酒精溶液浸蚀后，在不同放大倍数的显微镜下可以看到具有不同特征的珠光体组织。在高倍放大时，能清楚地看到珠光体中平行相间的宽条铁素体和细条渗碳体；当放大倍数较低时，由于显微镜的分辨能力小于渗碳体片厚度，因此珠光体中的渗碳体看到的只是一条黑线，当组织较细或放大倍数再低时，甚至珠光体片层也会因不能分辨而呈黑色。片状珠光体 (750×) 如图 3-2 所示。

图 3-2 片状珠光体(750×)

(4) 莱氏体：莱氏体在室温时是珠光体和二次渗碳体所组成的机械混合物。例如，含碳量为 4.3%的共晶白口铸铁在 1 147 ℃时形成由奥氏体和渗碳体组成的共晶体，其中奥氏体冷却时析出二次渗碳体，并在 727 ℃以下分解为珠光体。莱氏体的显微组织特征是在亮白色渗碳体基底上相间地分布着暗黑色斑点及细条状珠光体。二次渗碳体和共晶渗碳体连在一起，从形态上难以区分。

为了掌握铁碳合金的力学性能，必须控制各种组织的相对量。已知铁素体软而塑性好，渗碳体硬而脆，珠光体是这两相的机械混合物，莱氏体则是渗碳体和珠光体的混合物。铁素体、渗碳体和珠光体的力学性能如表 3-2 所示。

表 3-2 铁素体、渗碳体和珠光体的力学性能

组织类别	硬度 HV	抗拉强度/MPa	延伸率/%
铁素体	50~90	190~250	40~50
渗碳体	750~880	30	0
珠光体	190~230	860~900	9~12

3.2.2 含碳量的计算

在熟悉了碳钢中各种组织分布特征后,就可以借助显微镜来估算碳钢中的含碳量。首先,估计在某一视场中各种组织所占的面积百分比,设 n 为铁素体所占面积百分比,K 为珠光体所占面积百分比,B 为渗碳体所占面积百分比。

根据 Fe-Fe$_3$C 相图,已知常温下铁素体中碳的质量分数约为 0.008%,珠光体中碳的质量分数约为 0.77%,渗碳体中碳的质量分数约为 6.69%,那么根据杠杆定律可以得出以下结论。

对于亚共析钢,有:

$$\omega(\text{C}) = \left(\frac{n \times 0.008}{100} + \frac{K \times 0.77}{100} \right) \times 100\% \qquad (3-1)$$

对于过共析钢,有:

$$\omega(\text{C}) = \left(\frac{B \times 6.69}{100} + \frac{K \times 0.77}{100} \right) \times 100\% \qquad (3-2)$$

上述计算是假定各组织的密度是相等的,事实上它们的密度也确实是近似相等的;球状珠光体的面积很难目测,所以不能估算它的含碳量。

在铁碳合金中,随着含碳量的增加,不仅组织中渗碳体相对量增加,而且其形态和分布情况也发生变化,不同含碳量的合金具有不同组织,这正是它们具有不同性能的原因。铁碳合金的强度是一个对组织形态影响很敏感的性能,晶粒层片状的共析渗碳体与铁素体组成的珠光体组织具有较高的强度,而且珠光体的组织越细,则强度越高。在亚共析钢中,铁素体和渗碳体组成片层状珠光体,使钢的强度、硬度增高,随着钢中含碳量的增加,二次渗碳体呈网状分布于晶界上,随着钢中含碳量增加,二次渗碳体网逐渐加宽,而且由断续状转变为连续状。所以,当钢中含碳量大于 0.9% 时,不仅钢的塑性、韧性将进一步降低,而且强度、硬度也开始降低。铁碳合金的含碳量达到 2.11% 后继续增大,合金中出现莱氏体时,强度也降低到很低的水平。

3.3 实验设备及材料

(1) 倒置式金相显微镜。
(2) 各种铁碳合金的显微试样(见表3-3):工业纯铁、20钢、45钢、T12钢、亚共晶白口铁、共晶白口铁、过共晶白口铁。

表3-3 各种铁碳合金的显微试样

序号	材料	热处理	组织名称及特征	浸蚀剂	放大倍数
1	工业纯铁	退火	铁素体(等轴晶粒)+微量三次渗碳体(薄片状)	4%硝酸酒精溶液	100~500×
2	20钢	退火	铁素体(块状)+少量珠光体	4%硝酸酒精溶液	100~500×

续表

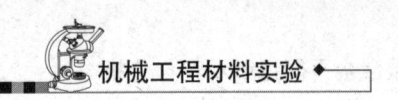

序号	材料	热处理	组织名称及特征	浸蚀剂	放大倍数
3	45 钢	退火	铁素体(块状)+相当数量珠光体	4%硝酸酒精溶液	100~500×
4	T12 钢	退火	铁素体(暗色基底)+细网状二次渗碳体	4%硝酸酒精溶液	100~500×
5	T12 钢	退火	铁素体(黑色枝晶状)+二次渗碳体(黑色网状)	苦味酸钠溶液	100~500×
6	亚共晶白口铁	铸态	珠光体(黑色枝晶状)、莱氏体(斑点状)和二次渗碳体(枝晶周围)	4%硝酸酒精溶液	100~500×
7	共晶白口铁	铸态	莱氏体,即珠光体(黑色细条及斑点状)和渗碳体(亮白色)	4%硝酸酒精溶液	100~500×
8	过共晶白口铁	铸态	莱氏体(暗色斑点)和一次渗碳体(粗大条片状)	4%硝酸酒精溶液	100~500×

(3)金相组织挂图照片。

3.4 实验内容及步骤

(1)实验前,学生应复习课本中的有关内容并阅读实验指导书,为实验做好理论方面的准备。

(2)认真观察各种材料的显微组织,识别各显微组织的特征。

(3)实验分组:每组人数在4~5人为宜。组内学生轮流观察金相试样,分别得到视场清楚的100×和500×金相图片,添加比例尺。选择各种材料的显微组织的典型区域,并根据组织特征,绘出其显微组织示意图。

(4)记录所观察的各种材料的牌号或名称、显微组织、放大倍数及浸蚀剂,并把显微组织示意图中组织组成物用箭头标出其名称。

(5)根据本组金相试样视野分析本组试样的含碳量。

3.5 注意事项

(1)在观察显微组织时,可先用低放大倍数进行全面的观察,找出典型组织,然后用高放大倍数放大,对部分区域进行详细的观察。

(2)在移动金相试样时,不得用手指触摸试样表面或将试样重叠起来,以免引起显微组织模糊不清,影响观察效果。

(3)画组织图时,应抓住组织形态的特点,画出典型区域的组织,注意不要将磨痕或杂质画在图上。

(4)实验中若出现问题,要及时举手示意,以便教师处理。

3.6 实验报告

(1) 实验目的。
(2) 实验设备和仪器。
(3) 试样室温下平衡组织，含碳量对铁碳合金的组织和性能的影响的大致规律。
(4) 根据观察到的显微组织，手动画图(尺寸为 $\phi40$ mm)并说明材料名称、加工过程、浸蚀剂和放大倍数，将观察结果填入表 3-4 中。根据视场金相，计算本组试样的含碳量。

表 3-4 观察结果

材料名称	加工过程	浸蚀剂/放大倍数	组织简图/各部分名称

(5) 结合本次实验，说明自己的体会和对本次实验的意见。

3.7 思考题

(1) 组织和相的区别是什么？
(2) 亚共析钢的析出物有哪些？
(3) 一次渗碳体、二次渗碳体和三次渗碳体之间的区别是什么？

实验四 碳钢非平衡显微组织观察

钢铁是目前应用最广泛的材料之一，为了充分挖掘钢铁材料的使用潜力，一般需要对钢铁材料进行热处理。当钢铁材料从高温奥氏体区以不同冷却速度冷却到室温时，其内部会呈现不同的组织和形貌，即能够得到钢铁材料的非平衡组织。观察和分析碳钢非平衡组织具有重要的实际意义。

4.1 实验目的

(1) 掌握碳钢经过不同冷却速度后得到的非平衡显微组织的特点。
(2) 掌握热处理工艺对钢组织和性能的影响。

4.2 实验基本原理

碳钢在进行热处理时，通常要将其加热至奥氏体区，然后以不同的冷却速度进行冷却，从而得到一定的组织和性能。当碳钢以非常缓慢的速度冷却到室温，就能得到平衡组织，如果碳钢的冷却速度较快，就能够得到区别于平衡组织的室温组织，称为非平衡组织。这种在快冷条件下得到的非平衡显微组织不能用铁碳合金相图来加以分析，而应由过冷奥氏体等温转变曲线图——C 曲线图来分析确定。共析钢 C 曲线图如图 4-1 所示。

通过 C 曲线可知，过冷奥氏体在不同的温度范围会发生不同类型的转变，通过金相显微镜观察，可以看出过冷奥氏体各种转变产物的组织形态各不相同。以 T8 钢为例，过冷奥氏体在不同转变温度下得到的组织和性能(T8 钢)如表 4-1 所示。

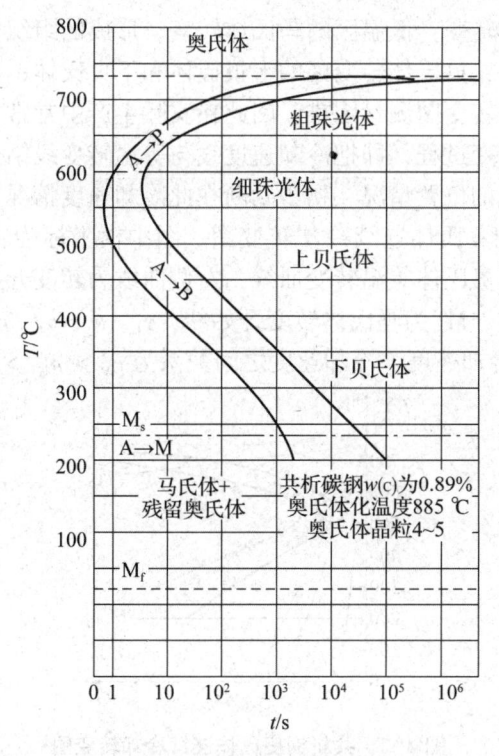

图 4-1　共析钢 C 曲线图

表 4-1　过冷奥氏体在不同转变温度下得到的组织和性能（T8 钢）

转变方式	形成组织	形成温度/℃	组织特征	硬度（HRC）
珠光体转变	珠光体（P）	A_1~650	在 400~500×金相显微镜下可观察到铁素体和渗碳体的片层状组织。	5~20
	索氏体（S）	650~600	在 800~1 000×以上的显微镜下才能分清片层状特征，在低倍下片层模糊不清	20~30
	托氏体（T）	600~550	用光学显微镜观察时呈黑色团状组织，只有在电子显微镜（5 000~1 5000×）下才能看出片层组织	30~40
贝氏体转变	上贝氏体（$B_上$）	550~350	在金相显微镜下呈暗灰色的羽毛状	40~48
	下贝氏体（$B_下$）	350~220	在金相显微镜下呈黑色针叶状	48~58
马氏体转变	马氏体（M）	<230	呈细针状马氏体（隐晶马氏体），或板条状马氏体	60~65

表 4-1 中的 T8 钢过冷奥氏体在不同转变温度下的转变方式有以下 3 种：高温区的珠光

体转变、中温区的贝氏体转变、低温区的马氏体转变。形成的组织分别为：珠光体转变区的珠光体、索氏体和托氏体；贝氏体转变区的上贝氏体和下贝氏体；马氏体转变区的马氏体。

由于奥氏体连续冷却转变图测量困难，因此在实际生产中常常采用奥氏体的等温转变图定性地评估连续冷却的转变过程，即把冷却速度线与等温转变线结合起来，画在一起。根据冷却速度线与等温转变线的位置情况，初步判断在此冷却速度情况下能够得到的组织。

图 4-2 所示为共析钢奥氏体连续冷却转变图。图中横坐标为转变所需的时间，纵坐标为转变时的温度，曲线为奥氏体等温转变曲线，左侧曲线为转变开始线，右侧曲线为转变终了线，A_1 为奥氏体转变线，M_s 为马氏体转变开始线，v_1、v_2、v_3、v_4 为奥氏体等温转变时实际冷却速度，$v_{临}$ 为临界冷却速度，冷却速度之间关系为 $v_4 > v_{临} > v_3 > v_2 > v_1$。

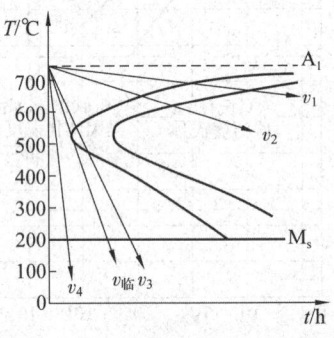

图 4-2 共析钢奥氏体连续冷却转变图

当以冷却速度 v_1 进行冷却时，冷却速度很慢，相当于退火（炉冷）。此冷却速度线与转变开始和转变终了线相交，交点位于 $A_1 \sim 650\ ℃$，以此冷却速度进行冷却，得到的转变组织是粗大的片层状珠光体组织。45 钢 860 ℃ 退火组织如图 4-3 所示。

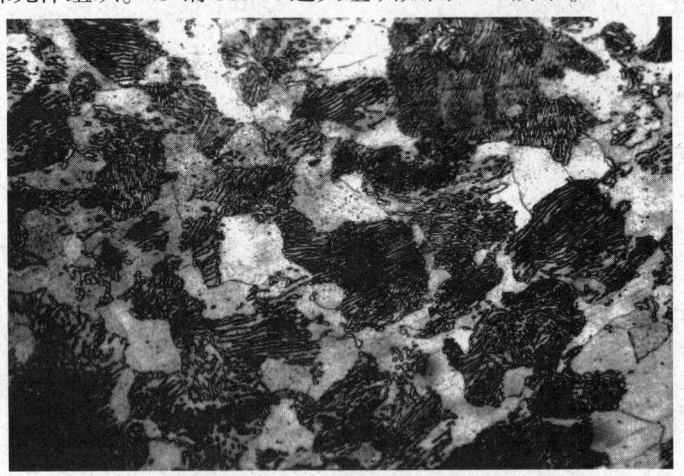

图 4-3 45 钢 860 ℃退火组织

当以冷却速度 v_2 进行冷却时，冷却速度一般，相当于正火（空冷）。此冷却速度线与转变开始和转变终了线相交，交点位于 $650 \sim 600\ ℃$，以此冷却速度进行冷却，得到的转变组织是片层状索氏体组织。45 钢 860 ℃ 正火组织如图 4-4 所示。

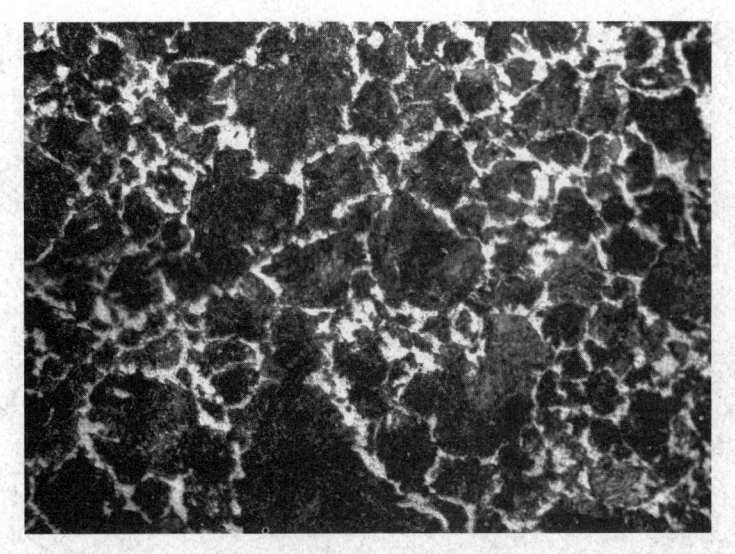

图 4-4　45 钢 860 ℃正火组织

当以冷却速度 v_3 进行冷却时，冷却速度较快，相当于淬火（油冷）。此冷却速度线先与转变开始和转变终了线相交，交点位于 660～550 ℃，以此冷却速度进行冷却，得到的转变产物是一部分片层状托氏体组织。然后冷却速度线与马氏体转变开始线相交，剩余的奥氏体转变成是马氏体。因此，在此冷却速度下，等到的转变产物是托氏体和马氏体混合组织。45 钢 860 ℃淬火（油冷）组织如图 4-5 所示。

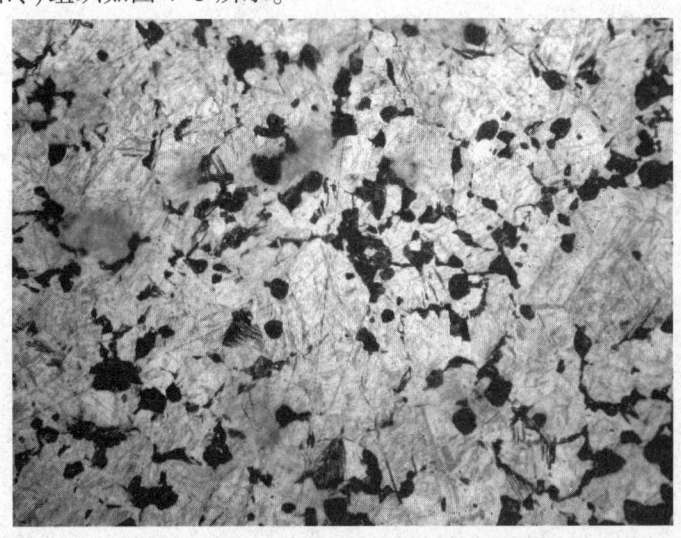

图 4-5　45 钢 860 ℃淬火（油冷）组织

当以冷却速度 v_4 进行冷却时，冷却速度最快，相当于淬火（水冷）。在 A_1～M_s 温度区间内，v_4 不与转变温度曲线相交，直接与马氏体转变开始线相交，即在此冷却速度下，过冷到 M_s 线以下时才能转变为马氏体，最终得到的转变产物是马氏体和残余奥氏体组织。45 钢 860 ℃淬火（水冷）组织如图 4-6 所示。

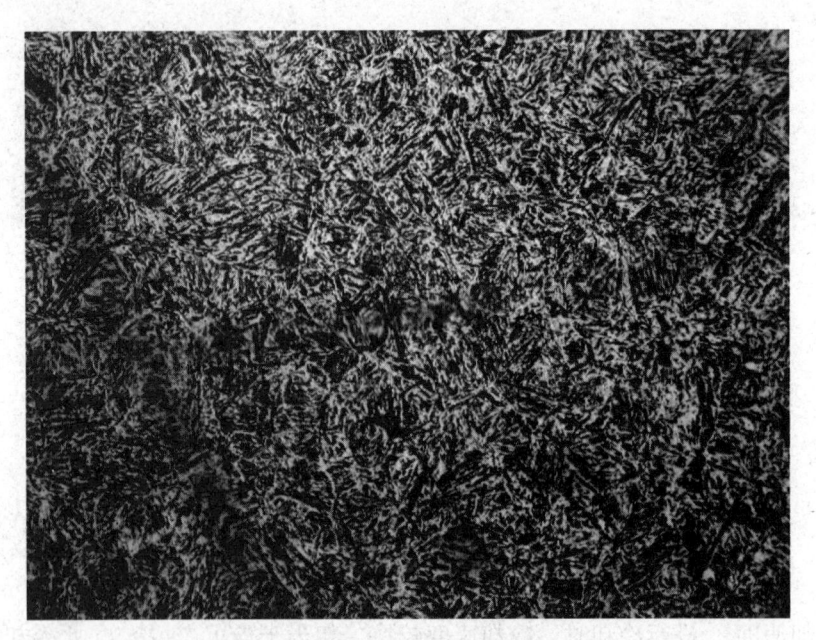

图 4-6　45 钢 860 ℃淬火(水冷)组织

总之，当冷却速度在 $v_{临}$ 附近时（v_4、$v_{临}$ 和 v_3），冷却速度很快，相当于淬火，得到的转变组织为马氏体和残余奥氏体组织，或托氏体和马氏体混合组织；当冷却速度较快（v_2）时，相当于正火，得到的转变组织为索氏体；当冷却速度较慢（v_1）时，相当于正火，得到的转变组织为珠光体。

图 4-7 所示为亚共析钢奥氏体连续冷却转变图，与图 4-2 共析钢奥氏体连续冷却转变图对比可以发现，在珠光体转变开始前，多了一条先共析铁素体线。

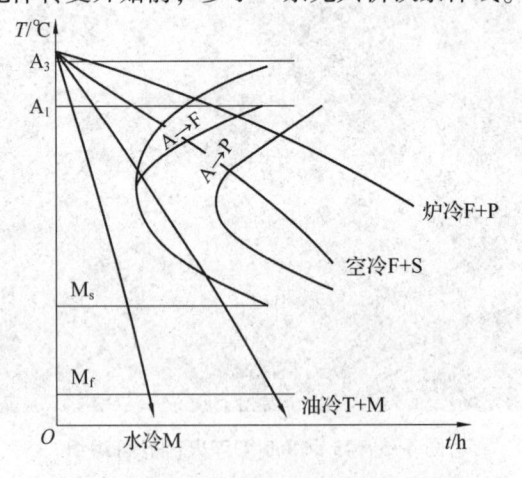

图 4-7　亚共析钢奥氏体连续冷却转变图

当亚共析钢以缓慢的冷却方式进行冷却时，相当于炉冷，此时速度线与先共析铁素体线和珠光体线相交，得到的室温组织为先共析铁素体和珠光体；当冷却速度加快，相当于空冷时，此时速度线与先共析铁素体线和索氏体线相交，得到的室温组织为先共析铁素体和索氏体；当冷却速度较快，相当于油冷时，此时速度线与先共析铁素体线和托氏体线以及马氏体转变开始线 M_s 相交，得到的室温组织为少量的先共析铁素体和托氏体，主要转变产物为马氏体；当冷却速度最快，相当于水冷时，此时速度线只与马氏体转变开始线 M_s 相交，得到的室温组织为马氏体和残余一部分奥氏体。

过共析钢与亚共析钢转变曲线类似，不同之处在于亚共析钢先析出的是铁素体，而过共析钢先析出的是渗碳体。

为了更好地理解掌握非平衡组织的相关知识，本实验以淬火工艺为例，来说明得到淬火组织这个非平衡组织的方法。

4.3 实验设备及材料

(1) 倒置式金相显微镜。
(2) 加热炉。
(3) 高温试样夹子。
(4) 面罩、手套等防护用品。
(5) 冷却水槽、冷却油槽。
(6) 金相试样($\phi 20\times 10$ mm 的 20 钢、45 钢、T12 钢)。
(7) 金相砂纸(玻璃板)。
(8) 抛光机[抛光布、抛光膏(液)]。
(9) 浸蚀剂(4%硝酸酒精溶液)。

4.4 实验内容及步骤

(1) 在实验前，必须仔细预习实验指导书，并做好准备。
(2) 实验开始前，注意了解本实验所用显微镜的结构、使用方法及操作规程。
(3) 实验分组：每组人数在 5~6 人为宜。领取试样，根据 20 钢、45 钢及 T12 钢的淬火工艺，进行淬火实验。淬火工艺及显微组织如表 4-2 所示。

表 4-2 淬火工艺及显微组织

编号	热处理工艺(保温时间)	显微组织特征	放大倍数
20#-1	920 ℃水淬(5 min)	板条马氏体	400×
20#-2	920 ℃油淬(5 min)	板条马氏体+托氏体(暗黑色块状)	400×
45#-1	760 ℃水淬(5 min)	针状马氏体+部分铁素体(白块状)	400×
45#-2	860 ℃水淬(5 min)	细针状马氏体+残余奥氏体(亮白色)	400×
45#-3	860 ℃油淬(5 min)	细针状马氏体+托氏体(暗黑色块状)	400×
T12#-1	780 ℃水淬(5 min)	细针状马氏体+粒状渗碳体(亮白色)	400×
T12#-1	850 ℃水淬(5 min)	粗片状马氏体+残余奥氏体(亮白色)	400×

(4)加热炉通电,调整面板控制升温参数,加热炉升温曲线如图4-8所示。

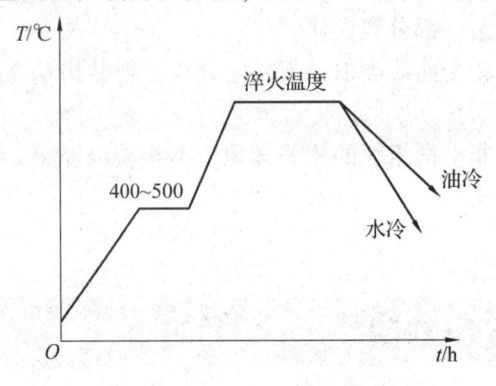

图 4-8 加热炉升温曲线

加热炉升温至热处理温度后,戴好保护用品,再放入试样,保温时间到后,打开炉门,用高温试样夹子夹出试样,立即投入淬火水槽或淬火油槽,待水槽或油槽中的试样冷却到水温或油温后取出,按照金相试样制备步骤进行制备,制备后的试样浸蚀吹干后,放到金相显微镜下观察。

(5)组内学生轮流观察并画出观察到的显微组织形态特征,并注明组织名称、热处理条件及放大倍数等。

4.5 注意事项

(1)开关炉门前,一定要戴好保护用具,防止出现安全事故。

(2)调整热处理炉面板时,要按照说明书进行。加热炉升温时,先升温到400~500 ℃,保温一定时间,再升温到淬火温度。

(3)试样必须在加热炉升至淬火温度后才能放入,否则试样晶粒粗化严重。严禁将试样随炉升温至淬火温度。

(4)试样在淬火温度保温取出后,要马上投入淬火槽中进行淬火。否则,将因为试样较小、温度降低很快而影响淬火效果和观察到的淬火组织。

(5)整个实验过程严禁打闹嬉笑。

(6)实验中若出现问题,要及时举手示意,以便教师处理。实验后要清理现场,关闭电闸、电灯等设备。

4.6 实验报告

(1)实验目的。

(2)实验设备和仪器。

(3)试样淬火的步骤。

(4)试样的非平衡组织产生的原理。

(5)根据观察到的显微组织，手动画图并说明材料名称、加工过程、浸蚀剂和放大倍数，将观察结果填入表4-3中。

(6)同种材质试样经过不同淬火介质产生不同淬火组织的原因。

(7)结合本次实验，说明自己的体会和对本次实验的意见。

表4-3 观察结果

材料名称	加工过程	浸蚀剂/放大倍数	组织简图/各部分名称

4.7 思考题

(1)加热时，为什么在400~500 ℃有一段保温期？

(2)粗珠光体和细珠光体有哪些区别？

(3)为什么亚共析钢连续冷却转变时先析出铁素体？

实验五 金属材料的硬度测试

硬度是金属材料在实际使用中需要考虑的指标之一，因为硬度能够在一定程度上反映材料的抗拉强度，在测试抗拉强度有困难的环境下，可以用硬度的测试来定性地反映材料的强度。因此测试材料的硬度具有重要的实际意义。

5.1 实验目的

(1) 了解布氏硬度计、洛氏硬度计和维氏硬度计的工作原理和构造。
(2) 掌握布氏硬度计、洛氏硬度计和维氏硬度计的使用方法和适用范围。
(3) 掌握热处理工艺对钢组织和性能的影响。

5.2 实验基本原理和硬度计构造

硬度是衡量金属材料软硬程度的一种性能指标，是指金属材料表面抵抗塑性变形的能力，硬度值越高，表明金属抵抗塑性变形能力越强，材料产生塑性变形越困难。硬度测试方法简单、迅速，对材料造成的伤害小，因此广泛应用于各种材料检验中。硬度与抗拉强度 σ_b 之间有近似的正比例关系：

$$\sigma_b = K \cdot HB \tag{5-1}$$

式中：σ_b——抗拉强度，Mpa；

K——系数，退火状态的碳钢 $K=0.34\sim0.36$，合金调质钢 $K=0.33\sim0.35$，有色金属 $K=0.33\sim0.53$；

HB——布氏硬度。

硬度的测试方法有压入法、刻划法、回跳法和摆动法。在实际生产中，广泛采用压入法来测试硬度，它属于非破坏性实验，简单易行。目前，使用压入法测试硬度的方法包括布氏硬度测试法、洛氏硬度测试法、维氏硬度测试法等。硬度实验标准及使用范围如表 5-1 所示。

表 5-1　硬度实验标准及使用范围

标准	适用硬度	使用范围
GB/T 231.1—2018	布氏硬度	黑色金属和有色金属原材料，退火或正火钢
GB/T 230.1—2018	洛氏硬度	热处理后的金属材料
GB/T 4340.3—2012	维氏硬度	薄板材或金属表层

5.2.1　布氏硬度测试原理

用载荷 F 把直径为 D 的碳化钨合金球压入试样表面，并保持一定时间 t，然后卸除载荷，测量钢球在试样表面上所压出的压痕平均直径 d，从而计算出压痕球面积，然后再计算出单位面积所受的力，用此数字表示试件的硬度值，即为布氏硬度，用符号 HBW 表示。布氏硬度测试原理如图 5-1 所示。

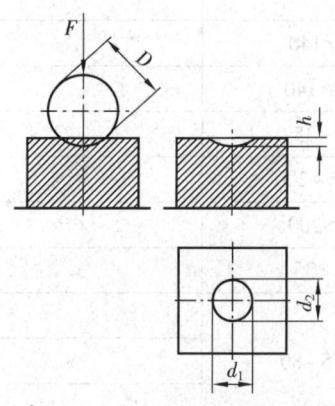

图 5-1　布氏硬度测试原理

设压痕平均直径为 d，计算公式为：

$$d = \frac{d_1 + d_2}{2} \tag{5-2}$$

式中：d_1，d_2——压痕处相互垂直方向的直径，mm。

压痕深度 h 依据以下公式计算：

$$h = \frac{D - \sqrt{D^2 - d^2}}{2} \tag{5-3}$$

压痕处球冠的表面积计算公式为：

$$S = \pi d h \tag{5-4}$$

因为测量压痕直径 d 要比测定压痕深度 h 容易，所以布氏硬度的计算公式为：

$$布氏硬度 = 常数 \times \frac{试验力}{压痕表面积} \tag{5-5}$$

式(5-5)中常数是公斤力向牛顿力转换的换算因子，取值为 0.102。

将式(5-1)~式(5-4)代入式(5-5)中，可得硬度计算公式：

$$\text{HBW} = 0.102 \frac{2F}{\pi D \left(D - \sqrt{D^2 - d^2} \right)} \tag{5-6}$$

把载荷 F、球头直径 D、平均直径 d 代入式(5-6)中，即可计算出该材料的硬度值，通过该方法计算得到的结果需要保留 3 位有效数字。

可见，测量 d 值后，就能获得该实验条件下的布氏硬度值。实际测量时，布氏硬度值可根据测量的压痕平均直径 d 查表(GB/T 231.4—2018)得到。

试验力和压头直径的选择还需要遵循的一个规则是：$0.24D < d < 0.6D$。如果压痕直径超出了这个区间，则应在实验报告中明确注明压痕直径与压头直径的比值 d/D。试验力-压头直径平方的比率($0.102F/D^2$ 比值)应根据材料和硬度值进行选择，如表 5-2 所示。可见，为了保证在尽可能大的有代表性的试样区域进行实验，应尽可能选取大直径压头。

表 5-2 不同材料推荐的试验力与压头球直径平方的比率

材料	布氏硬度(HBW)	试验力-压头直径平方的比率 $0.102 F/D^2$ /(N·mm^{-2})
钢、镍基合金、钛合金	—	30
铸铁	<140	10
	≥140	30
铜和铜合金	<35	5
	35~200	10
	>200	30
轻金属及其合金	<35	2.5
		5
	35~80	10
		15
	>80	10
		15
铅、锡	—	1
烧结金属	依据 GB/T 9097—2016	

5.2.2 洛氏硬度测试原理

洛氏硬度测试法克服了布氏硬度测试法的缺点，它的压痕较小，可测试较高硬度，可直接读数，操作方便、效率高，故为热处理产品检验的主要方法之一。

洛氏硬度测试法同布氏硬度测试法一样，也属压入法，但它不是测量压痕面积，而是根据压痕深度来确定硬度值指标。洛氏硬度测试是用锥顶角为 120° 的金刚石圆锥或直径为 1/16 in(1.588 mm) 和 1/8 in (3.176 mm) 的淬火钢球作为压头和载荷配合使用，在 10 kgf 初载荷和 60 kgf、100 kgf 或 150 kgf 总载荷(即初载荷加主载荷)先后作用下压入试样，在总载荷作用后，以卸除主载荷而保留主载荷时的压入深度与初载荷作用下压入深度之差来表示硬度，深度差越大，则硬度越低，其测试原理如图 5-2 所示。

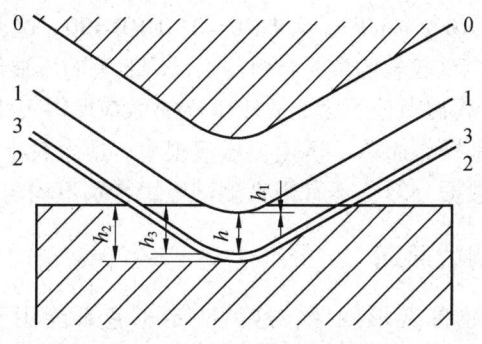

图 5-2　洛氏硬度测试原理

0-0：未加载荷时压头(顶角为 120°的金刚石圆锥)未接触试样时的位置；

1-1：压头在预载荷 F_0(10 kg)的作用下压入试样深度为 h_1 时的位置，h_1 包括预载所引起的弹、塑性变形；

2-2：加主载荷 F_1 后，压头在总载荷 $F=F_0+F_1$ 的作用下压入试件的位置，压入深度为 h_2，此时产生了塑性变形和弹性变形；

3-3：去除主载荷 F_0 但仍保留预载荷 F_0 时的位置，因为 F_1 所引起的弹性变形被消除，所以压头的位置提高到了 h_3，此时压头受主载荷作用实际压入试样深度为 $h=h_3-h_1$。

为了使洛氏硬度计适用于从软到硬不同硬度材料的测试，洛氏硬度计采用了不同的压头和总载荷进行配合使用，产生了 15 种不同的洛氏硬度标尺。常用的洛氏硬度标尺为 HRA、HRB 和 HRC 这 3 种，如表 5-3 所示。

表 5-3　常用的洛氏硬度标尺实验条件及应用范围

符号	压头	总载荷/N	表盘刻度颜色	应用范围	举例
HRA	金刚石圆锥	600	黑色	70~85	碳化物、硬质合金、钢材表面硬化层
HRB	ϕ1.588 mm 钢球	1 000	红色	25~100	软钢、退火钢、铜合金、铝合金、可锻铸铁
HRC	金刚石圆锥	1 500	黑色	20~67	淬火钢、调质钢、深层表面硬化钢

注：金刚石圆锥参数，顶角为 130°±30′，圆弧半径为(0.20±0.01)mm。

如果直接以压痕深度 h 作为计算硬度指标，就会出现硬金属硬度值小，而软金属硬度值大的现象，这和布氏硬度值大小相反，不符合人们的习惯，因此一般用一常数 k 来减去所得的压痕深度值作为洛氏硬度的指标，即：

$$HR = k - h$$

当以钢球为压头时，$k=0.26$；以金刚石圆锥为压头时，$k=0.2$。此外，在读数上又规定以压入深度 0.002 mm 作为标尺刻度的一格，这样 0.26 相当于 130 格，0.2 相当于 100 格，因此洛氏硬度值可由下式确定：

$$\text{HRB} = 130 - \frac{h}{0.002}(\text{红色表盘}) \tag{5-7}$$

$$\text{HRC} = 100 - \frac{h}{0.002}(\text{黑色表盘}) \tag{5-8}$$

由此可得当压痕深度 $h=0.2$ mm 时，有 HRC=0，HRB=30。这也说明 HRB 要取 0.26 作为常数的原因，因为 HRB 是测试较软的金属材料的，试测时有的压痕深度可能超过 0.2 mm，若取 0.2 作为常数，硬度将会得出负值，为此，HRB 的常数应取得大些。

洛氏硬度实验的特点是操作简单、迅速，压痕很小，适合对半成品或成件的质量进行检验。但因压痕小，测量数据分散，不宜用来测试组织特别不均匀或组织粗大的材料。

5.2.3 维氏硬度测试原理

布氏硬度测试法存在钢球变形问题，这就决定了它不能用于测试高硬度材料（大于 450HBW）。洛氏硬度测试法虽可测试各种金属的硬度，但需采用不同的标度，不同标度测试的硬度值又不能直接换算，因此 1925 年人们又提出了维氏硬度测试法。

维氏硬度测试原理基本上和布氏硬度的相同，也是根据单位压痕凹陷面积上承受的载荷，即应力值作为硬度值的计量指标。二者的不同之处在于，维氏硬度采用了锥面夹角为 136° 的金刚石正四棱锥体，其测试原理如图 5-3 所示。将锥体在载荷 F 的作用下压入试样表面，保持一定时间后卸除载荷，在试样表面形成一个四方锥形的凹坑。测量压痕对角线的长度 d，可计算压痕的表面积，通过下列计算或根据 d 值，查表即可得到维氏硬度值：

$$HV \approx 0.1891 F/d^2 \tag{5-9}$$

式中：P——载荷，kgf；
d——压痕两对角线的平均值，mm。

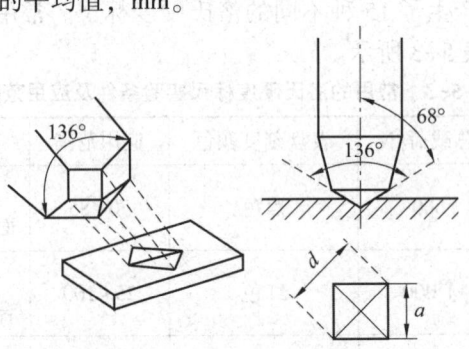

图 5-3 维氏硬度测试原理

维氏硬度最大的特点是，因为采用了正四棱锥压头，所以无论载荷大小，所得压痕的几何形状都是相似的，相同材料或不同材料的维氏硬度值具有可比性。它综合了布氏硬度和洛氏硬度的优点，既可测由软到硬的材料，又能相互比较，既可测大块材料表面硬化层，又可测金相组织中的不同相。但是，维氏硬度实验效率低，对试样表面光洁度要求较高。

相关国家标准规定，维氏硬度压痕对角线的范围为 0.020 ~ 1.400 mm。其表示符号为 HV，前面的数值是维氏硬度值，后面的数值是载荷大小，超过标准加载保持时间 10~15 s，还要注明实际保持时间。例如，600HV30 表示维氏硬度值为 600，载荷 30 kg，保持时间 10~15 s；600HV30/20 表示维氏硬度值为 600，载荷 30 kg，保持时间 20 s。

维氏硬度测试的载荷可以任意选择而不影响硬度的测试，如果将维氏硬度试验载荷变小，即从原来较大的千克力（kgf）为单位，变成较小的克力（gf）为单位，则在测试硬度的时候就可以在一个极小范围内进行了。此时可以测试混入钢中的夹杂物、钢中的析出相的维氏硬度值。此时的实验因为是在微观条件下进行的，一般称为显微硬度测试。

显微硬度测试原理与维氏硬度测试一样，显微硬度值用符号 Hm 表示：

$$Hm = 1\,854 \frac{F}{d^2} \tag{5-10}$$

式中：F——加载的载荷，gf；

d——压痕对角线长度，mm。

由于式(5-10)中 F 的单位是 gf，一般为 10 gf、20 gf、30 gf、100 gf、200 gf，故前面的系数不是 1.854 而是 1 854，Hm 的单位仍为 kgf/mm²。同样，若单位采用 MPa 时，式(5-10)右边应乘以 0.102，这样才能得出所求 Hm 值。

5.2.4 硬度计的构造

布氏硬度计、洛氏硬度计和维氏硬度计有很多种，构造也多种多样，为了方便各种硬度的测试，科研人员将 3 种硬度测试方法集中到一台设备中，这样一方面节约了设备的制造成本，另一方面也可以通过切换来测量同种材料的不同硬度表示方法下的硬度值，为科研工作者对比参考相关文献提供了便利。本实验使用的硬度计型号为 HBRV-187.5，该硬度计能够同时测试材料的布氏硬度、洛氏硬度和维氏硬度，设备如图 5-4 所示。

HBRV-187.5 硬度计的结构如图 5-5 所示。可以看出，该设备结构由工作部分和支撑部分组成。工作部分直接用来测试硬度，而支撑部分是组成硬度计的机械部分。工作部分主要由压头、试台和表盘组成，测试时把待测材料放在硬度计的试台上，利用压头压入材料内部，通过表盘读取相应的数值，完成硬度测试。

图 5-4 硬度计实物图

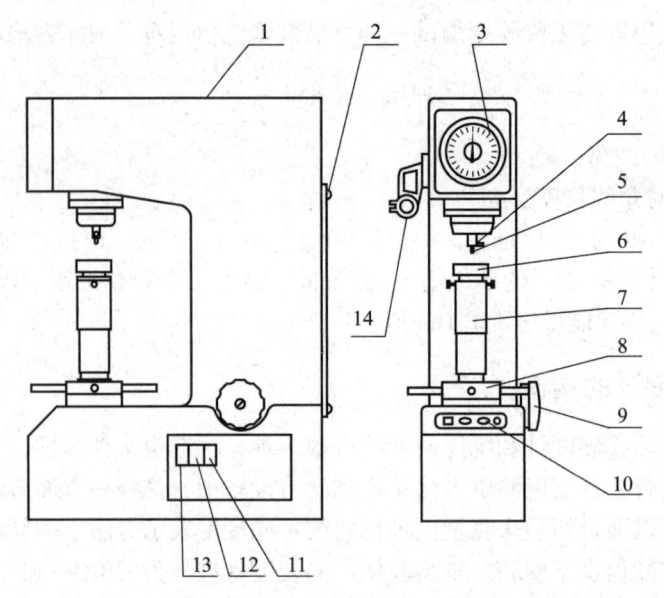

1—上盖；2—后盖；3—表盘；4—压头止紧螺钉；5—压头；6—试台；7—升降螺杆；
8—旋轮；9—变荷手轮；10—触摸面板；11—电源插座；12—保险丝；13—开关；14—支架。

图 5-5　HBRV-187.5 硬度计的结构

5.2.5　布氏硬度技术参数

(1)试验力：306.5 N(31.25 kg)、612.9 N(62.5 kg)、1 839 N(187.5 kg)。

(2)球压头：$\phi 2.5$ mm、$\phi 5$ mm。

(3)布氏硬度计示值误差及示值重复性如表 5-4 所示。

表 5-4　布氏硬度计示值误差及示值重复性

硬度范围(HBW)	示值误差/%	示值重复性/%
≤125	±3	≤3.5
125<HBW≤225	±2.5	≤3.0
>225	±2	≤2.5

(4)布氏硬度测试范围：8~650HBW。

(5)使用 2.5×物镜时，测量显微镜放大了 37.5 倍；使用 5×物镜时，测量显微镜放大了 75 倍。

(6)使用 2.5×物镜时，目镜毂轮最小分度值 $I=0.004$ mm；使用 5×物镜时，目镜毂轮最小分度值 $I=0.002$ mm。

5.2.6　洛氏硬度技术参数

(1)初试验力：98.07 N(10 kg)。

(2)总试验力：588.4 N(60 kg)、980.7 N(1 000 kg)、1 417 N(150 kg)。

(3)压头：金刚石洛氏压头、$\phi 1.587\ 5$ mm 压头。

(4)洛氏硬度计示值允许误差如表 5-5 所示。

表 5-5　洛氏硬度计示值允许误差

硬度标尺	标准块的硬度范围	示值允许误差
HRA	20~75HRA	±2HRA
	75~88HRA	±1.5HRA
HRB	20~45HRB	±4HRB
	45~80HRB	±3HRB
HRC	20~70HRC	±1.5HRC

(5)洛氏硬度计实验标尺相关数据及应用范围如表 5-6 所示。

表 5-6　洛氏硬度计实验标尺相关数据及应用范围

硬度标尺	压头类型	初试验力	总试验力/N	应用范围
HRA	金刚石压头		588.4	硬质合金、碳化物、表面淬火钢、硬化薄板钢
HRB	φ1.588 mm 钢球	98.07 N(10 kg)	980.7	软钢、铝合金、铜合金、可锻铸铁、退火钢
HRC	金刚石压头		1471	淬火钢、调质钢、冷硬铸铁

5.2.7　维氏硬度技术参数

(1)试验力：294.2 N(30 kg)、980.7 N(100 kg)。
(2)压头：金刚石维氏压头。
(3)维氏硬度测试范围：40~1 000HV。
(4)维氏硬度计示值误差及示值重复性如表 5-7 所示。

表 5-7　维氏硬度计示值误差及示值重复性

硬度符号	硬度块示值	示值误差	硬度块示值	示值重复性
HV30	100~250HV	±2%	≤225HV	6%
HV100	300~1 000HV	±3%	>225HV	4%

(5)使用 2.5×物镜时，测量显微镜放大 37.5 倍；使用 5×物镜时，测量显微镜放大 75 倍。

(6)使用 2.5×物镜时，目镜毂轮最小分度值 $I=0.004$ mm；使用 5×物镜时，目镜毂轮最小分度值 $I=0.002$ mm。

5.3　硬度计使用前准备

5.3.1　布氏硬度计使用前的准备工作

(1)被测试样的表面应平整光洁，不得有污物，必须保证压痕对角线能精准测量。

(2)试样应稳定地放在工作台上,接触面必须干净,测试过程中,试样不得移动,并保证试验力垂直施加于试样上。

(3)试样的最小厚度应大于压痕深度的10倍。测试后,试样背面不得有可见变形痕迹。

5.3.2 洛氏硬度计使用前的准备工作

(1)被测试试样的表面应平整光洁,不得有污物、氧化皮、凹坑及显著的加工痕迹。

(2)试样的最小厚度应大于压痕深度的10倍。测试后,试样背面不得有可见变形痕迹。

(3)试样应稳定地放在工作台上,测试过程中试样不得移动,并保证试验力垂直施加于试样上。

(4)被测试试样为圆柱形时,必须使用V形工作台。当测试HRC、HRA硬度时,试样直径小于38 mm,测试HRB硬度时,试样直径小于25 mm,其测试结果要进行修正,修正值均为正。洛氏硬度测试修正值如表5-8所示。

表5-8 洛氏硬度测试修正值

硬度值	圆柱形试样直径/mm								
	6	10	13	16	19	22	25	32	38
	HRA、HRC 标尺的修正值								
20	—	—	—	2.5	2.0	1.5	1.5	1.0	1.0
25	—	—	3.0	2.5	2.0	1.5	1.0	1.0	1.0
30	—	—	2.5	2.0	1.5	1.5	1.0	1.0	0.5
35	—	3.0	2.0	1.5	1.5	1.0	1.0	0.5	0.5
40	—	2.5	2.0	1.5	1.0	1.0	1.0	0.5	0.5
45	3.0	2.0	1.5	1.0	1.0	1.0	0.5	0.5	0.5
50	2.5	2.0	1.5	1.0	1.0	0.5	0.5	0.5	0.5
55	2.0	1.5	1.0	1.0	0.5	0.5	0.5	0.5	0
60	1.5	1.0	1.0	0.5	0.5	0.5	0.5	0	0
65	1.5	1.0	1.0	0.5	0.5	0.5	0.5	0	0
70	1.0	1.0	0.5	0.5	0.5	0.5	0.5	0	0
75	1.0	0.5	0.5	0.5	0.5	0	0	0	0
80	0.5	0.5	0.5	0.5	0.5	0	0	0	0
85	0.5	0.5	0.5	0	0	0	0	0	0
90	0.5	0	0	0	0	0	0	0	0

续表

硬度值	圆柱形试样直径/mm						
	6	10	13	16	19	22	25
	HRB 标尺的修正值						
20	—	—	—	4.5	4.0	3.5	3.0
30	—	—	5.0	4.5	3.5	3.0	2.5
40	—	—	4.5	4.0	3.0	2.5	2.5
50	—	—	4.0	3.0	3.0	2.5	2.0
60	—	5.0	3.5	3.0	2.5	2.0	2.0
70	—	4.0	3.0	2.5	2.0	2.0	1.5
80	5.0	3.5	2.5	2.0	1.5	1.5	1.5
90	4.0	3.0	2.0	1.5	1.5	1.5	1.0
100	3.5	2.5	1.5	1.5	1.0	1.0	0.5

5.3.3 维氏硬度计使用前的准备工作

(1)被测试试样的表面应平整光洁,不得有污物,必须保证压痕对角线能精准测量。光洁度不低于0.8。

(2)试样应稳定地放在工作台上,接触面必须干净,测试过程中试样不得移动,并保证试验力垂直施加于试样上。

(3)试样或测试层厚度至少应为压痕对角线长度的1.5倍,测试后,试样背面不得有可见变形痕迹。

5.4 硬度计操作步骤

5.4.1 布氏硬度计的操作步骤

(1)试验力保持时间:黑色金属10~15 s;有色金属30~35 s;当布氏硬度值小于35时,保持时间为60 s。

(2)压痕测量使用外照明灯。

(3)布氏硬度测试后,下降试台约20 mm,再寻找压痕直径。

(4)两相邻压痕中心之间的距离及压痕中心至标准块边缘的距离应大于压痕对角线长度的3倍,每个压痕直径的测量在相互垂直的两个方向上进行。取其平均值,两垂直方向直径之差与其中较短直径之比不应大于1%。

(5)硬度平均值与标准硬度值之差除以标准块硬度值,用百分数表示,为硬度计的示值误差;硬度值中最大值与最小值之差,除以硬度值平均值,为硬度计的示值重复性,如表

5-4 所示。

例如，用 2.5×物镜测量，球压头 φ2.5 mm，在 1 839 N(187.5 kg)试验力作用下测试布氏硬度值，如图 5-6 所示。

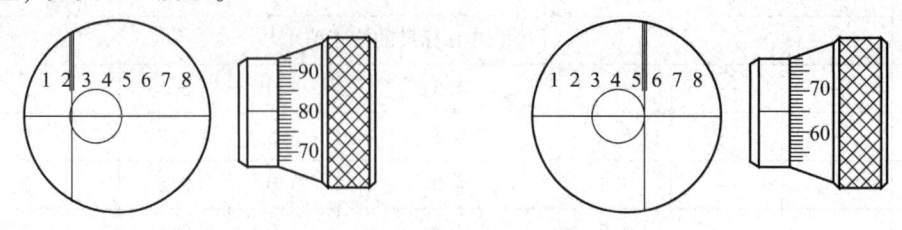

图 5-6 测试布氏硬度值

第一次读数为 281.3 格，第二次读数为 565 格，使用 2.5×物镜测量时，$I = 0.004$。依据公式：

$$d = In \tag{5-11}$$

式中：d——压痕直径；
　　　n——二次读数之差；
　　　I——格值。

代入相关数据，$d = 0.004 \times (565 - 281.3)$ mm $= 1.134\ 8$ mm，查压痕直径与布氏硬度对照表(见表 5-9)，得到 175HBW2.5/187.5。

表 5-9 压痕直径与布氏硬度对照表

硬质合金球直径 D/mm				试验力-球直径平方的比率 $0.102 \times F/D^2$/(N·mm^{-2})					
				30	15	10	5	2.5	1
				试验力 F					
10	—	—	—	29.42 kN	14.71 kN	9.807 kN	4.903 kN	2.452 kN	980.7 N
—	5	—	—	7.355 kN	—	2.452 kN	1.226 kN	612.9 N	245.2 N
—	—	2.5	—	1.839 kN	—	612.9 N	306.5 N	153.2 N	61.29 N
—	—	—	1	294.2 N	—	98.07 N	49.03 N	24.52 N	9.807 N
压痕的平均直径 d/mm				布氏硬度(HBW)					
4.46	2.230	1.115 0	0.446	182	91.0	60.6	30.3	15.2	6.06
4.47	2.235	1.117 5	0.447	181	90.5	60.4	30.2	15.1	6.04
4.48	2.240	1.120 0	0.448	180	90.1	60.1	30.0	15.0	6.01
4.49	2.245	1.122 5	0.449	179	89.7	59.8	29.9	14.9	5.98
4.50	2.250	1.125 0	0.450	179	89.3	59.5	29.8	14.9	5.95
4.51	2.255	1.127 5	0.451	178	88.9	59.2	29.6	14.8	5.92
4.52	2.260	1.130 0	0.452	177	88.4	59.0	29.5	14.7	5.90

续表

压痕的平均直径 d/mm				布氏硬度（HBW）					
4.53	2.265	1.1325	0.453	176	88.0	58.7	29.3	14.7	5.87
4.54	2.270	1.1350	0.454	175	87.6	58.4	29.2	14.6	5.84
4.55	2.275	1.1375	0.455	174	87.2	58.1	29.1	14.5	5.81
4.56	2.280	1.1400	0.456	174	86.8	57.9	28.9	14.5	5.79
4.57	2.285	1.1425	0.457	173	86.4	57.6	28.8	14.4	5.76
4.58	2.290	1.1450	0.458	172	86.0	57.3	28.7	14.3	5.73
4.59	2.295	1.1475	0.459	171	85.6	57.1	28.5	14.3	5.71
4.60	2.300	1.1500	0.460	170	85.2	56.8	28.4	14.2	5.68
4.61	2.305	1.1525	0.461	170	84.8	56.5	28.3	14.1	5.65
4.62	2.310	1.1550	0.462	169	84.4	56.3	28.1	14.1	5.63

5.4.2 洛氏硬度计的操作步骤

（1）接通电源，打开开关，接触面板数码管亮。

（2）根据被测试样材料的软硬程度，按表 5-6 选择标尺，顺时针转动变荷手轮，确定总试验力。

（3）把压头朝主轴孔中推进，贴近支撑面，将压头柄缺口平面对着螺钉，把压头止紧螺钉略拧紧，然后将被测试样于试台上。

（4）顺时针转动旋轮，升降螺杆上升，应使试样缓慢无冲击地与压头接触，直至硬度计百分表小指针从黑点移动到红点，与此同时，长指针转过 3 圈垂直指向"C"处（当测试 HRB 硬度值时，长指针指向"B"处。测试布氏、维氏硬度时，不需对零位），此时已施加了 98.07 N（10 kg）初试验力，长指针偏移不得超过 5 个洛氏硬度单位，若超过此范围不得倒转，应改换测点位置重做。

（5）转动硬度计表盘，使长指针对准"C"位。

（6）按触摸面板〈START〉键，电动机开始运转，自动加主试验力，总试验力保持时间到，电动机反转，自动卸载主试验力。

（7）此时，硬度计百分表长指针指向的数据即为被测试样的硬度值（当测试 HRB 硬度时，硬度值从内圈数值中读取）。

（8）洛氏硬度测试的总试验力保持时间为 5 s，时间长短由触摸面板上、下键选择。

（9）反向旋转旋轮，使试台下降，更换测试点，重复上述操作。

（10）在每个试样上的测试点不少于 5 点（第一点不计）。对大批量零件检验，测试点可适当减少。

5.4.3 维氏硬度计的操作步骤

（1）取出附件箱中专用装置，擦干净防锈油。将溜板试台与升降螺杆装配好，旋紧滚花螺母。

（2）将显微镜座插入硬度计左边支架孔中，对准凹坑，旋紧螺钉。要求显微镜座下平面与试台平行。

（3）将测微目镜插入孔中，并插到底。内照明灯的插头插在基体左面插座内，内照明灯插入显微镜座孔中，将物镜旋入显微镜座下方。

（4）把试样置于试台上，将溜板试台移到挡钉"2"处。

（5）接通电源，启动开关，数码管亮，内照明灯亮。

（6）根据被测试样的测试要求，转动变荷手轮，确定试验力 294.2 N（30 kg）或 980 N（100 kg）。

（7）把压头朝主轴孔中推进，贴近支撑面，将压头柄缺口平面对着螺钉，把压头止紧螺钉略拧紧，然后将被测试样置于试台上。

（8）顺时针转动旋轮，升降螺杆上升，应使试样缓慢无冲击地与压头接触，直至硬度计百分表小指针从黑点移动到红点，与此同时，长指针转过三圈垂直指向"C"处（当测试 HRB 硬度值时，长指针指向"B"处。测试布氏、维氏硬度时，不需对零位）。

（9）转动硬度计表盘，使长指针对准"C"位。

（10）按触摸面板〈START〉键，电动机开始运转，自动加主试验力，总试验力保持时间到，电动机反转，自动卸载主试验力。

（11）黑色金属试验力保持时间为 10~15 s，有色金属为 30 s 左右。

（12）压痕测试后，微量下降试台，使试样与压头脱离，将溜板试台与试样一起平稳地移动至物镜下，轻靠着挡钉"1"。

（13）以升降螺杆孔为中心，微微转动溜板试台寻找压痕，并转动旋轮上下升降试台直至在目镜中观察到压痕清晰成像，聚焦过程完成，将滚花螺母旋紧。

（14）当目镜内的数字模糊时，可调节目镜上的眼罩，依据个人眼力不同而定。如果在目镜中观察到的成像呈模糊状或一半清晰一半模糊，则说明光源中心偏离，需转动照明灯光源的中心位置。

（15）每个压痕测量其量对角线长度，取其平均值，乘上系数查表得硬度值。

（16）硬度测试的平均值与标准块硬度值之差除以标准硬度值，用百分比表示，为硬度计的示值误差；硬度值中最大值与最小值之差，除以硬度值平均值，为硬度计的示值重复性，如表 5-7 所示。

例如，用 5×物镜测量，在 294.2 N（30 kg）试验力作用下测试维氏硬度值，如图 5-7 所示。

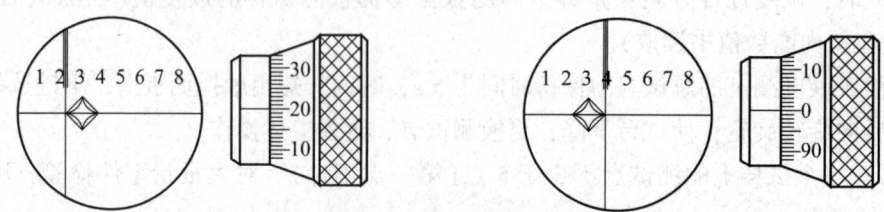

图 5-7 测试维氏硬度值

第一次读数为 221 格，第二次读数为 400 格，使用 5×物镜测量时，$I=0.002$。依据公式 $d=In$，代入相关数据，$d=0.002\times(400-221)$ mm $=0.358$ mm，查压痕对角线与维氏硬度对照表(见表5-10),得到434HV30。

表5-10 压痕对角线与维氏硬度对照表

压痕对角线/mm	在下列载荷 F(kg)下维氏硬度(HV) 30	10	5	压痕对角线/mm	在下列载荷 F(kg)下维氏硬度(HV) 30	10	5
0.100	—	—	927.0	0.475	247.0	82.2	41.1
0.105	—	—	841.0	0.480	242.0	80.5	40.2
0.110	—	—	766.0	0.485	237.0	78.8	39.4
0.115	—	—	701.0	0.490	232.0	77.2	38.6
0.120	—	1 288.0	644.0	0.495	227.0	75.7	37.8
0.125	—	1 189.0	593.0	0.500	223.0	74.2	37.1
0.130	—	1 097.0	549.0	0.510	214.0	71.3	35.6
0.135	—	1 030.0	509.0	0.520	206.0	68.6	34.3
0.140	—	946.0	473.0	0.530	198.0	66.0	33.0
0.145	—	882.0	441.0	0.540	191.0	63.6	31.8
0.150	—	824.0	412.0	0.550	184.0	61.3	30.7
0.155	—	772.0	386.0	0.560	177.0	59.1	29.6
0.160	—	724.0	362.0	0.570	171.0	57.1	28.5
0.165	—	681.0	341.0	0.580	165.0	55.1	27.6
0.170	—	642.0	321.0	0.590	160.0	53.3	26.6
0.175	—	606.0	303.0	0.600	155.0	51.5	25.8
0.180	—	572.0	286.0	0.610	150.0	49.8	24.9
0.185	—	542.0	271.0	0.620	145.0	48.2	24.1
0.190	—	514.0	257.0	0.630	140.0	46.7	23.4
0.195	—	488.0	244.0	0.640	136.0	45.3	22.6
0.200	—	464.0	232.0	0.650	132.0	43.9	22.0
0.205	—	442.0	221.0	0.660	123.0	42.6	21.3
0.210	—	421.0	210.0	0.670	124.0	41.3	20.7
0.215	—	401.0	201.0	0.680	120.0	40.1	20.1
0.220	1 149.0	383.0	192.0	0.690	117.0	39.0	19.5
0.225	1 113.0	366.0	183.0	0.700	114.0	37.8	18.9
0.230	1 051.0	351.0	175.0	0.710	110.0	36.8	18.4
0.235	1 007.0	336.0	168.0	0.720	107.0	35.8	17.9
0.240	966.0	322.0	161.0	0.730	104.0	34.8	17.4

续表

压痕对角线/mm	在下列载荷 F(kg)下维氏硬度(HV)			压痕对角线/mm	在下列载荷 F(kg)下维氏硬度(HV)		
	30	10	5		30	10	5
0.245	927.0	309.0	155.0	0.740	102.0	33.9	16.9
0.250	890.0	297.0	148.0	0.750	98.9	33.0	16.5
0.255	856.0	285.0	243.0	0.760	96.3	32.1	16.1
0.260	823.0	274.0	137.0	0.770	93.8	31.3	15.6
0.265	792.0	264.0	132.0	0.780	91.4	30.5	15.2
0.270	763.0	254.0	127.0	0.790	89.1	29.7	14.9
0.275	736.0	245.0	123.0	0.800	86.9	29.0	14.5
0.280	710.0	236.0	118.0	0.810	84.8	28.3	14.1
0.285	685.0	228.0	114.0	0.820	82.7	27.7	13.8
0.290	661.0	221.0	110.0	0.830	80.8	26.9	13.5
0.295	639.0	213.0	107.0	0.840	78.8	26.3	13.1
0.300	618.0	206.0	103.0	0.850	77.0	25.7	12.8
0.305	598.0	199.0	99.7	0.860	75.2	25.1	12.5
0.310	479.0	193.0	96.5	0.870	73.5	24.5	12.3
0.315	561.0	187.0	93.4	0.880	71.8	24.0	12.0
0.320	543.0	181.0	90.6	0.890	70.2	23.4	11.7
0.325	527.0	176.0	87.8	0.900	68.7	22.9	11.5
0.330	511.0	170.0	85.2	0.910	67.2	22.4	11.2
0.335	496.0	165.0	82.6	0.920	65.7	21.9	11.0
0.340	481.0	160.0	80.2	0.930	64.3	21.4	10.7
0.345	467.0	156.0	77.9	0.940	63.0	21.0	10.5
0.350	454.0	151.0	75.7	0.950	61.6	20.5	10.3
0.355	441.0	147.0	73.6	0.960	60.4	20.1	10.1
0.360	429.0	143.0	71.6	0.970	59.1	19.7	9.9
0.365	418.0	139.0	69.6	0.980	57.9	19.3	9.7
0.370	406.0	136.0	67.7	0.990	56.8	18.9	9.5
0.375	396.0	132.0	66.0	1.000	55.6	18.5	9.3
0.380	385.0	128.0	64.2	1.050	50.5	16.8	8.4
0.385	375.0	125.0	62.6	1.100	46.0	15.3	—
0.390	366.0	122.0	61.0	1.150	42.1	14.0	—

续表

压痕对角线 /mm	在下列载荷 $F(\text{kg})$ 下维氏硬度(HV)			压痕对角线 /mm	在下列载荷 $F(\text{kg})$ 下维氏硬度(HV)		
	30	10	5		30	10	5
0.395	357.0	119.0	59.4	1.200	38.6	12.9	—
0.400	348.0	116.0	58.0	1.250	35.6	11.9	—
0.405	339.0	113.0	56.5	1.300	32.9	11.0	—
0.410	331.0	110.0	55.2	1.350	30.5	10.2	—
0.415	323.0	108.0	53.9	1.400	28.4	9.5	—
0.420	315.0	105.0	52.6	1.450	26.5	8.8	—
0.425	308.0	103.0	51.3	1.500	24.7	8.2	—
0.430	301.0	100.0	50.2	1.550	23.2	—	—
0.435	294.0	98.0	49.0	1.600	21.7	—	—
0.440	287.0	95.8	47.9	1.650	20.4	—	—
0.445	281.0	93.6	46.8	1.700	19.3	—	—
0.450	275.0	91.6	45.8	1.750	18.2	—	—
0.455	269.0	89.6	44.8	1.800	17.2	—	—
0.460	263.0	87.6	43.8	1.850	16.3	—	—
0.465	257.0	85.8	42.9	1.900	15.4	—	—
0.470	252.0	84.0	42.0	1.950	14.6	—	—

注：(1)表中未列出压痕对角线的 HV 值，可根据其上下量数值用内插法计算得出。

(2)根据标准规定，载荷分 5 kg、10 kg、20 kg、30 kg、50 kg、100 kg 共 6 级。此表仅列出常用的 3 级；如采用其他载荷，可以乘以载荷的倍数求出 HV 值。例如，采用 20 kg 载荷时，可根据表中 10 kg 载荷时的 HV_{10} 值乘以 2，即可得到 HV_{20} 的值。

5.4.4 维氏硬度计(显微硬度)的操作要点

(1)试样的表面状态：试样与不同金相试样的制备过程相同，经过磨制、抛光和浸蚀过程，但为了结果的精确性，试样表面采用电解抛光，抛光后的表面应马上进行硬度测试。

(2)试样测试部位的选择：由于显微硬度需要测量压痕的尺寸，因此压痕要求不应该与晶界过分接近，或者延伸到晶界以外，以免使测量结果受到晶界或邻近晶粒第二相的影响。被测试样晶粒不应太薄，否则会因为压痕压下作用到下面的晶粒，影响测量结果的精确性。

因此，为了保证测量结果的精确性，要求测试部位压痕的位置与晶界的距离至少为一个压痕对角线的长度，晶粒的厚度应至少大于压痕深度的 10 倍以上，测试部位应该选择具有较大截面的晶粒处。

(3)测量压痕尺度时压痕像的调焦：在显微镜下观察的压痕对角线数值与成像条件有关，孔径光阑减小，基体与压痕的衬度提高，压痕边缘渐趋清晰。一般认为：最佳的孔径光阑位置是使压痕的 4 个角较暗，而 4 个棱边清晰。对同一组测量数据，为获得一致的成像条件，应使孔径光阑保持相同数值。

（4）试验载荷的选择：为保证测试结果的精确性，试验载荷一般选择较大载荷，因为这样压痕清晰，载荷撤去后，压痕回弹小，测量更准确。当测量较软基体上的较硬质点时，被测质点截面直径必须 4 倍于压痕对角线长，否则硬质点可能被压通，使基体性能影响测量数据。此外，测试脆性相时，高载荷可能出现"压碎"现象。角上有裂纹的压痕表明载荷已超出材料的断裂强度，因而获得的硬度值是错误的，这时需调整载荷重新测量。

5.5 实验设备及材料

（1）HBRV-187.5 布洛维光学硬度计。
（2）金相试样砂纸。
（3）20 钢退火试样、45 钢退火试样、20 钢正火试样、45 钢正火试样；T10 钢淬火试样、42CrMo 钢淬火试样、T10 钢回火试样、42CrMo 钢回火试样；T8 钢淬火试样、T12 钢淬火试样、T8 钢回火试样、T12 钢回火试样。

5.6 实验内容及步骤

（1）在实验前，必须仔细预习实验指导书，熟悉硬度计的构造原理、使用方法及注意事项。
（2）实验分组：每组人数在 5~6 人为宜。领取试样，测试 20 钢退火试样、45 钢退火试样、20 钢正火试样、45 钢正火试样的布氏硬度值，并填入表 5-11 中。

表 5-11 布氏硬度记录表

材料	实验参数				实验结果				
	F/D^2	压头直径 D/mm	试验力 F/N(kgf)	保持时间 t/s	压痕直径 d/mm			硬度值	表示法
					$d1$	$d2$	$d3$		
20 钢退火									
45 钢退火									
20 钢正火									
45 钢正火									

领取试样，测试 T10 钢淬火试样、42CrMo 钢淬火试样、T10 钢回火试样、42CrMo 钢回火试样的洛氏硬度值，并填入表 5-12 中。

表 5-12 洛氏硬度记录表

材料	实验参数			实验结果				
	标尺	压头	总试验力/N	第一次	第三次	第五次	平均值	表示法
T10 钢淬火								
42CrMo 钢淬火								
T10 钢回火								
42CrMo 钢回火								

领取试样，测试 T8 钢淬火试样、T12 钢淬火试样、T8 钢回火试样、T12 钢回火试样的维氏硬度值，并填入表 5-13 中。

表 5-13 维氏硬度记录表

材料	实验参数		实验结果		
	试验力/N	保持时间/s	D1	D2	HV
T8 钢退火					
T12 钢退火					
T8 钢回火					
T12 钢回火					

（3）分析含碳量和热处理方式对试样硬度产生的影响。

5.7 注意事项

（1）实验时要遵守操作规程。

（2）搬运硬度计时，要将接长杆固定，并取下砝码和吊杆。取下砝码、吊杆前，应先拔去电源插头。

（3）硬度计要保持清洁，实验后要罩上防尘罩。

（4）在硬度测试过程中施加试验力或尚未卸除试验力时，严禁转动变荷手轮。

（5）当试验力施加于试样时，严禁下降升高螺杆，避免压头损坏。

5.8 实验报告

（1）实验目的。

（2）实验设备和仪器。

（3）根据自己组所用硬度计类型，写出操作步骤。

（4）根据每组试样的不同，分别对试样进行硬度测试，将实验数据填入相应的记录表中。

（5）结合本次实验，说明自己的体会和对本次实验的意见。

5.9 思考题

(1) 哪种硬度最适宜表示淬火类钢质零件？
(2) 哪种硬度最适宜表示热轧出厂的 Q235 钢板？
(3) 哪种硬度最适宜表示微观组织的相或组织组成物？

实验六 碳钢的热处理

为了充分挖掘碳钢材料的潜能,通常在使用前需要对碳钢进行热处理,使其满足各种服役环境的要求。当钢铁材料从高温奥氏体区冷却到室温时,其内部组织会发生多种变化,形成室温下的不同组织,这些组织在宏观上表现出不同的力学性能,这就是热处理的过程。研究碳钢的热处理具有重要意义。

6.1 实验目的

(1)熟悉钢的几种基本热处理操作(退火、正火、淬火、回火等)。
(2)了解含碳量、加热温度、冷却速度、回火温度等主要因素对碳钢热处理后组织和性能(硬度)的影响。

6.2 实验基本原理

碳钢的普通热处理基本工序有:退火、正火、淬火和回火。

6.2.1 碳钢的退火

碳钢的退火就是将碳钢加热到临界点(A_1、A_3、A_{cm})以上或在临界点以下某一温度保温一定时间后,以十分缓慢的冷却速度(炉冷、坑冷、灰冷)进行冷却。亚共析钢完全退火加热温度:Ac_3+(30~50) ℃;共析钢和过共析钢球化退火加热温度:Ac_1+(30~50) ℃。退火加热温度范围如图6-1所示。碳钢经过退火处理后,奥氏体组织在高温区发生分解,得到接近于平衡转变的组织,此时碳钢中的残余应力被消除,组织稳定,硬度较低,有利于后续的机械加工处理。

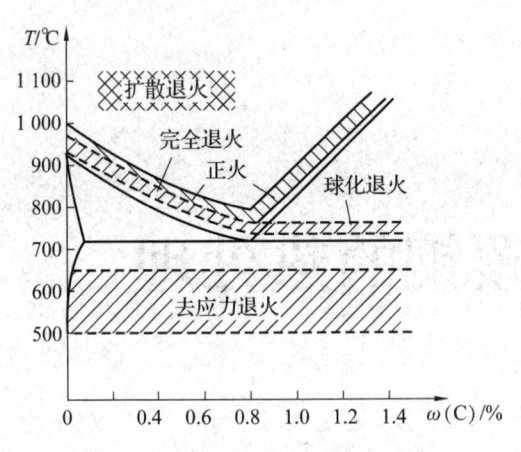

图 6-1 退火和正火加热温度范围

6.2.2 碳钢的正火

碳钢的正火就是将碳钢加热到 Ac_3 或 Ac_{cm}（Ac_{cm} 是实际加热时过共析钢完全转变为奥氏体的最低温度）以上 30~80 ℃，保温后从炉中取出在空气中冷却。亚共析钢加热温度：Ac_3+（30~50）℃；过共析钢加热温度：Ac_{cm}+（30~50）℃。正火加热温度范围如图 6-1 所示。与退火的明显区别是，正火的冷却速度要快，因此正火后形成的显微组织要比退火后形成的显微组织更细小，正火还能适当提高碳钢的硬度和强度，用于普通结构件的最终热处理，改善低碳钢硬度以利于机械加工。

6.2.3 碳钢的淬火

碳钢的淬火是将碳钢加热到 Ac_3（亚共析钢）或 Ac_1（共析钢或过共析钢）以上 30~50 ℃，保温一定时间后快速冷却（油冷或水冷）以获得马氏体（或下贝氏体）组织。亚共析钢加热温度：Ac_3+（30~50）℃；过共析钢和过共析钢加热温度：Ac_1+（30~50）℃。淬火加热温度范围如图 6-2 所示。淬火能够提高碳钢的硬度。

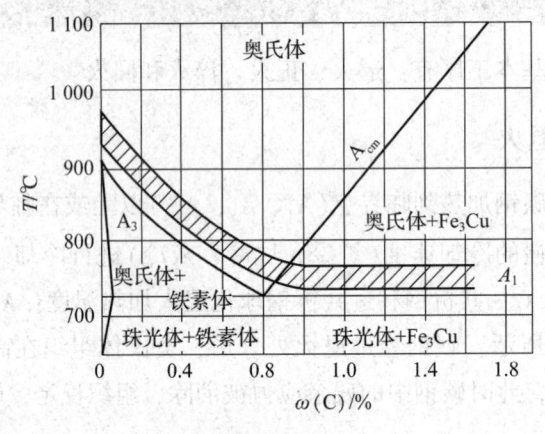

图 6-2 淬火加热温度范围

6.2.4 碳钢的回火

碳钢的回火就是将淬火后的碳钢重新加热至 A_1 点以下的某一温度，保温一定时间后冷却至室温。回火按照回火温度的高低分成低温回火、中温回火和高温回火，不同的回火温度对应不同的温度，不同的回火温度对金属材料起到不同的作用。

（1）低温回火：在 150~250 ℃ 进行回火，得到的组织是回火马氏体，硬度约为 60HRC，其目的是降低淬火应力，减少钢的脆性并保持钢的高硬度。低温回火常用于高碳钢的切削刀具、量具和滚动轴承件。

（2）中温回火：在 350~500 ℃ 进行回火，得到的组织是回火屈氏体，硬度为 35~45HRC，其目的是获得高的弹性极限，同时有高的韧性，主要用于含碳量 0.5%~0.8% 的弹簧钢热处理。

（3）高温回火：在 500~650 ℃ 进行回火，得到的组织是回火索氏体，硬度为 25~35HRC，其目的是获得既有一定强度、硬度，又有良好冲击韧性的综合机械性能。把淬火后经高温回火的处理称为调质处理，用于中碳结构钢。

回火能降低淬火碳钢的脆性，稳定组织，降低或消除内应力。

碳钢回火时，加热保温的时间的确定需要与回火温度及回火后碳钢的用途来综合考虑。一般来说，低温回火时，所得到的组织不稳定，此时碳钢内部的应力消除也不充分，为了稳定组织和消除内应力，从而使回火后的碳钢在应用中保持性能和尺寸稳定，低温回火时间要长一些，一般不少于 1.5 h。而高温回火时，由于是在高温，长期回火会造成碳钢过分软化，有的甚至会产生严重的回火脆性，因此高温回火时间一般应该控制在 0.5~1 h。

碳钢的临界温度参数如表 6-1 所示。

表 6-1 碳钢的临界温度参数

钢号	临界温度参数/℃					
	Ac_1	Ac_3 或 Ac_{cm}	Ar_1	Ar_3	M_s	M_f
20	735	855	680	835	—	—
45	724	780	682	751	350	—
60	725	766	695	743	285	—
T8	730	—	700	—	230	−70
T10	730	800	700	—	200	−80
T12	730	820	700	—	200	−90

6.2.5 碳钢热处理加热温度时间的确定

碳钢热处理加热温度时间的影响因素有很多，如碳钢的化学成分、碳钢热处理前的原始组织状态、碳钢工件的有效尺寸和工件的形状、使用的加热设备、热处理类型、热处理的目的和要求、装炉方式及设备的保养情况等。加热时间的经验公式为：

$$T = \alpha \times D \tag{6-1}$$

式中：T——加热时间，min；

α——加热系数，min/mm；

D——工件的有效厚度，mm，当碳钢工件有效厚度 $D \leqslant 50$ mm，在 800~960 ℃ 箱式炉中加热时，$\alpha = 1$~1.2 min/mm。

在实验室小型电炉中加热，可参考表6-2确定加热时间。

表6-2 碳钢在箱式炉中加热时间

加热温度/℃	时间/min		
	圆形截面	方形截面	板形截面
	1 mm 直径	1 mm 厚度	1 mm 厚度
600	2	3	4
700	1.5	2.2	3
800	1.0	1.5	2
900	0.8	1.2	1.6
1 000	0.4	0.6	0.8

热处理工艺曲线如图6-3所示。

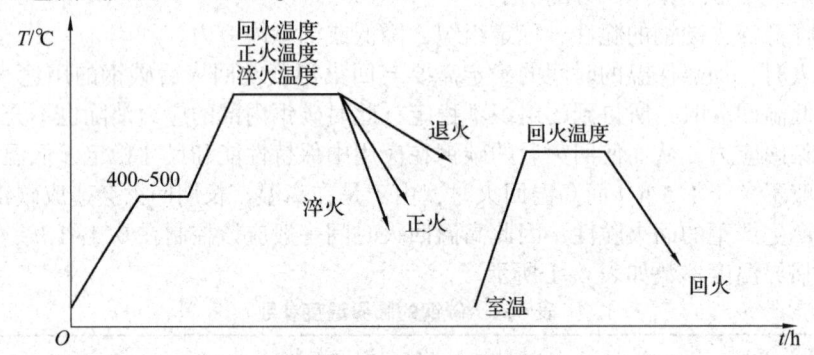

图6-3 热处理工艺曲线

6.2.6 碳钢热处理冷却方式的确定

碳钢热处理冷却方式是碳钢的热处理工艺十分重要的一部分，通过合理控制碳钢不同的冷却速度，就能够得到不同内部组织的碳钢，不同的组织能够体现不同的性能。

(1) 退火冷却方式：退火的冷却方式一般是随炉冷却到室温，即加热到退火温度保温后，关闭电炉电源，关好炉门，工件随炉一直冷却到室温的过程。但实际中，一般为提高退火效率，采用随炉冷却到500 ℃左右，然后打开炉门，取出在空气中冷却到室温即可。

(2) 正火冷却方式：正火冷却速度比退火快，一般加热到正火温度保温后，直接取出，在空气中冷却到室温即可。

(3) 淬火冷却方式：相比退火和正火，淬火冷却方式是急冷，冷却速度很快，一般加热到淬火温度保温后，直接取出，快速放入淬火介质中冷却到室温。在进行淬火时，由于冷却速度快，能够得到全部马氏体或下贝氏体组织，但在这个过程中，工件容易发生开裂或变形。为防止这种现象的出现，要求工件在高温区(650~550 ℃)快冷形成淬火组织，而在低温区(300~100 ℃)慢冷，以减小淬火时产生的组织应力和内应力。常用简单淬火冷却方法有油冷(矿物油)和水冷。

(4) 回火冷却方式：加热到回火温度保温后，取出在空气中冷却到室温。

6.2.7 热处理后得到的组织

1. 退火、正火组织

(1) 退火组织：亚共析钢铁素体和珠光体，共析钢和过共析钢球状珠光体。

(2) 正火组织：亚共析钢铁素体和索氏体，共析钢和过共析钢托氏体。

2. 淬火组织

(1) 低碳钢：板条马氏体。

(2) 中碳钢：当 $\omega(C) \leq 0.5\%$ 时，混合马氏体(板条马氏体和片状马氏体)；$\omega(C) > 5\%$ 时，混合马氏体(板条马氏体和片状马氏体)和奥氏体。

(3) 高碳钢：隐晶马氏体、奥氏体和渗碳体。

3. 回火组织

(1) 回火马氏体：片状马氏体经低温回火(150~250 ℃)后得到的产物。回火马氏体仍然具有针状特征，由于其有极小的碳化物析出，使得回火马氏体容易受到浸蚀，因此在显微镜下颜色比淬火马氏体深。

(2) 回火屈氏体：淬火后的碳钢在中温回火(350~500 ℃)后得到回火屈氏体组织。其金相特征是：原来条状或片状马氏体的形态仍基本保持，第二相析出在其上。回火屈氏体中的渗碳体颗粒很细小，以致在光学显微镜下难以分辨，用电子显微镜观察时，发现渗碳体已明显长大。

(3) 回火索氏体：淬火后的碳钢在高温回火(500~650 ℃)后得到回火索氏体组织。它的金相特征是：铁素体基体上分布着颗粒状渗碳体。碳钢调质后回火索氏体中的铁素体已成等轴状，一般已没有针状形态。

6.2.8 含碳量对碳钢淬火后硬度的影响

在相同的淬火条件下，随着含碳量的不断增加，碳钢淬火后的硬度会随之升高。低碳钢淬火后的硬度一般能达到40HRC左右；中碳钢淬火后硬度一般能够达到50~62HRC；而高碳钢在淬火后硬度一般能够达到62~65HRC。

含碳量对碳钢热处理硬度的影响如图6-4所示。

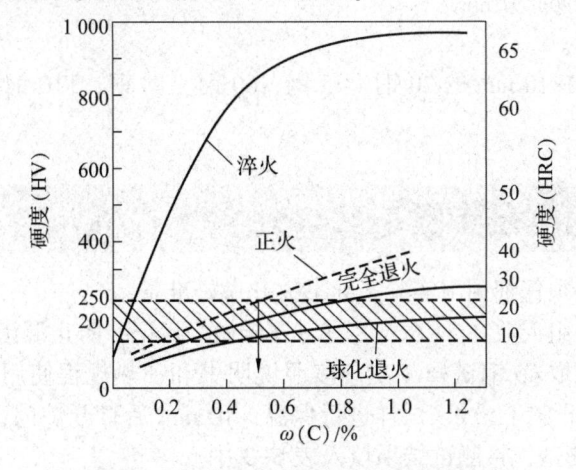

图6-4 含碳量对碳钢热处理硬度的影响

6.2.9 回火温度对碳钢硬度的影响

淬火后的碳钢在回火后能够使其硬度降低，塑性增加。对于同一淬火后的碳钢，随着回火温度的增加，回火后的硬度、强度不断降低，塑性和韧性不断升高。

6.3 实验设备及材料

(1) 实验用的箱式电阻加热炉如图 6-5 所示，型号为 BSK-C25 程控马弗炉。

图 6-5 箱式电阻加热炉

(2) 实验用的硬度计如图 5-4 所示，型号为 HBRV-187.5。
(3) 冷却水槽，冷却油槽。
(4) 高温试样夹子。
(5) 面罩、手套等防护用品。
(6) 金相试样砂纸。
(7) 金相试样（$\phi 20 \times 10$ mm 的 20 钢、45 钢、60 钢、T8 钢、T10 钢、T12 钢）。

6.4 实验内容及步骤

(1) 在实验前，必须仔细预习实验指导书，并做好准备。
(2) 实验分组：每组人数在 5~6 人为宜，试样做好标记，防止混淆。
(3) 第一组学生领取 45 钢试样 3 支。按照说明书和加热规程使用加热炉进行加热。当炉温到 840 ℃后，打开炉门，放入试样进行保温，10 min 后打开炉门，取出试样进行冷却，然后对试样进行硬度测试，将测试结果填入表 6-3 中。

表6-3 冷却方式对硬度的影响

试样名称	冷却方式	硬度测试			
		第一次	第二次	第三次	平均值
45-1	空冷				
45-2	油冷				
45-3	水冷				

（4）第二组学生领取20钢试样3支。按照说明书和加热规程使用加热炉进行加热。当炉温到温（920 ℃、900 ℃、880 ℃）后，打开炉门，放入试样进行保温，10 min后打开炉门，取出试样进行水冷冷却，然后对试样进行硬度测试，将测试结果填入表6-4中。

表6-4 加热温度对硬度的影响

试样名称	淬火温度/℃	硬度测试			
		第一次	第二次	第三次	平均值
20-1	920				
20-2	900				
20-3	880				

（5）第三组学生领取T10钢试样3支。按照说明书和加热规程使用加热炉进行加热。当炉温到770 ℃后，打开炉门，放入试样进行保温，10 min后打开炉门，取出试样进行水冷。水冷后的试样放入电炉中进行回火，20 min后打开炉门，空冷至室温，然后对试样进行硬度测试，将测试结果填入表6-5中。

表6-5 回火温度对硬度的影响

试样名称	回火温度/℃	硬度测试			
		第一次	第二次	第三次	平均值
T10-1	200				
T10-2	400				
T10-3	600				

（6）第四组学生领取20钢、45钢、T8钢、T10钢试样各一支。按照说明书和加热规程使用加热炉进行加热。当炉温到温（900 ℃、840 ℃、770 ℃、770 ℃）后，打开炉门，放入试样进行保温，10 min后打开炉门，取出试样进行水冷，然后对试样进行硬度测试，将测试结果填入表6-6中。

表6-6 含碳量对硬度的影响

试样名称	淬火温度/℃	硬度测试			
		第一次	第二次	第三次	平均值
20-4	900				
45-4	840				
T8	770				
T10-4	770				

6.5 注意事项

(1) 开关炉门前一定要戴好保护用具,防止出现安全事故。
(2) 试样必须在加热炉升至淬火温度后才能放入,否则试样晶粒粗化严重。严禁试样随炉升温至淬火温度。
(3) 淬火时,要用试样夹子迅速取出试样,并在冷却介质中不断地搅动,确保试样快速冷却,以免影响淬火效果。
(4) 硬度测试前,一定要在砂纸上将试样待测硬度表面磨制光滑,以免影响硬度测试的结果。在硬度测试时,要在不同地方测试 3 次,并计算硬度的平均值。
(5) 实验整个过程严禁打闹嬉笑。

6.6 实验报告

(1) 实验目的。
(2) 实验设备和仪器。
(3) 试样热处理的基本原理。
(4) 试样热处理实验的步骤。
(5) 根据实验结果,分别讨论冷却方式对硬度的影响,加热温度对硬度的影响,回火温度对硬度的影响和含碳量对硬度的影响,并分析产生这种影响的原因。
(6) 结合本次实验,说明自己的体会和对本次实验的意见。

6.7 思考题

(1) 金属加热的时间是依据什么计算的?
(2) 试样在炉温升到设定温度后放入,是为了防止试样出现晶粒粗化的现象,试解释为什么会出现晶粒粗化的现象。
(3) 热处理的基本条件是什么?所有的材料都可以进行热处理来改善材料的性能吗?
(4) 金属的淬透性与冷却介质之间的关系有哪些?

实验七 常用钢的显微组织观察

钢铁材料应用广泛，多数钢使用前要经过热处理或热轧。因此了解其在热轧和热处理后的显微组织非常重要。本次实验将对常用钢经过热轧或热处理后的显微组织进行观察。

7.1 实验目的

（1）观察45钢经不同热处理后的组织。
（2）观察5CrMnMo钢经不同热处理后的组织。
（3）观察T12钢经不同热处理后的组织。
（4）掌握热处理工艺对钢组织和性能的影响。

7.2 实验基本原理

7.2.1 45钢组织观察

45钢常以热轧态和淬火回火态使用，因此本实验安排观察45钢热轧及热处理后显微组织。

1. 热轧态组织

热轧是指在金属再结晶温度以上进行的轧制。轧制是借助旋转轧辊的摩擦力将轧件拖入轧辊间，同时依靠轧辊施加的压力使轧件在两个轧辊或两个以上的轧辊间发生压缩变形的一种材料加工方法。45钢热轧态组织如图7-1所示。

当退火温度足够高、时间足够长时，在变形金属或合金的纤维组织中产生无应变的新晶粒（再结晶核心），新晶粒不断地长大，直至原来的变形组织完全消失，金属或合金的性能也发生显著变化，这一过程称为再结晶。其中，开始生成新晶粒的温度称为开始再结晶温度，显微组织全部被新晶粒所占据的温度称为终了再结晶温度，一般所称的再结晶温度就是开始再结晶温度和终了再结晶温度的算术平均值。再结晶温度主要受合金成分、形变程度、原始晶粒度、退火温度等因素的影响。

图 7-1　45 钢热轧态组织

2. 淬火组织

铁碳合金经缓冷后的显微组织基本上与铁碳相图所预料的各种平衡组织相符合。但碳钢在不平衡状态，即在快冷条件下的显微组织就不能用铁碳合金相图来加以分析，而应由过冷奥氏体等温转变曲线图——C 曲线图来确定。图 4-1 所示为共析钢 C 曲线图。按照不同的冷却条件，过冷奥氏体将在不同的温度范围发生不同类型的转变。通过金相显微镜观察，可以看出过冷奥氏体各种转变产物的组织形态各不相同。共析钢过冷奥氏体在不同转变温度下的性能和组织如表 4-1 所示。

将 45 钢加热到 760 ℃（即 Ac_1 以上，但低于 Ac_3），然后在水中冷却，这种淬火称为亚温淬火。根据 Fe-Fe$_3$C 相图可知，在这个温度加热，部分铁素体尚未溶入奥氏体中，经淬火后将得到马氏体和铁素体组织。在金相显微镜中观察到的是呈暗色针状马氏体基底上分布有白色块状铁素体，如图 7-2(a) 所示。

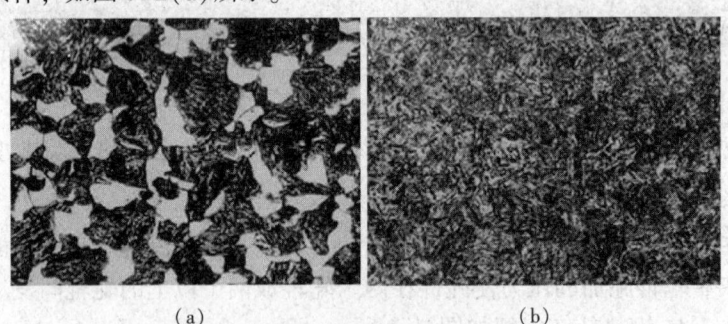

(a)　　　　　　　　(b)

图 7-2　45 钢淬火组织
(a) 亚温淬火组织；(b) 正常淬火组织

45 钢经正常淬火后将获得细针状马氏体，如图 7-2(b) 所示。由于马氏体针非常细小，在显微镜中不易分清。若将 45 钢加热到正常淬火温度，然后在油中冷却，则由于冷却速度不足，得到的组织将是马氏体和部分托氏体（或混有少量贝氏体）。图 7-3 所示为 45 钢 860 ℃油冷的显微组织，亮白色为马氏体，呈黑色块状分布于晶界处的为托氏体。

图 7-3　45 钢 860 ℃油冷的显微组织

3. 回火组织

钢经淬火后得到的马氏体和残余奥氏体均为不稳定组织，它们具有向稳定的铁素体和渗碳体的两相混合物组织转变的倾向。通过回火将钢加热，提高原子活动能力，可促进这个转变过程的进行。

淬火钢经不同温度回火后所得到的组织不同，通常按组织特征分为以下 3 种。

1）回火马氏体

淬火钢经低温（150～250 ℃）回火，由于马氏体分解，奥氏体所受的压力下降，M_s 上升，残余奥氏体分解为 ε 碳化物和过饱和铁素体，即回火马氏体（$M_回$）。回火马氏体仍保持针片状特征，但容易受浸蚀，故颜色要比淬火马氏体深些，是暗黑色的针状组织，如图 7-4 所示。

图 7-4　45 钢低温回火组织

2）回火托氏体

淬火钢经中温（350～500 ℃）回火得到在针状铁素体基体中弥散分布着微小粒状渗碳体的组织，称为回火托氏体，用 $T_回$ 表示。回火托氏体中的铁素体仍然基本保持原来针状马氏体的形态，渗碳体则呈细小的颗粒状，在光学显微镜下不易分辨清楚，故呈暗黑色，如图 7-5（a）所示。用电子显微镜可以看到这些渗碳体质点，并可以看出，回火托氏体仍保持有针状马氏体的位向，如图 7-5（b）所示。

(a)   (b)

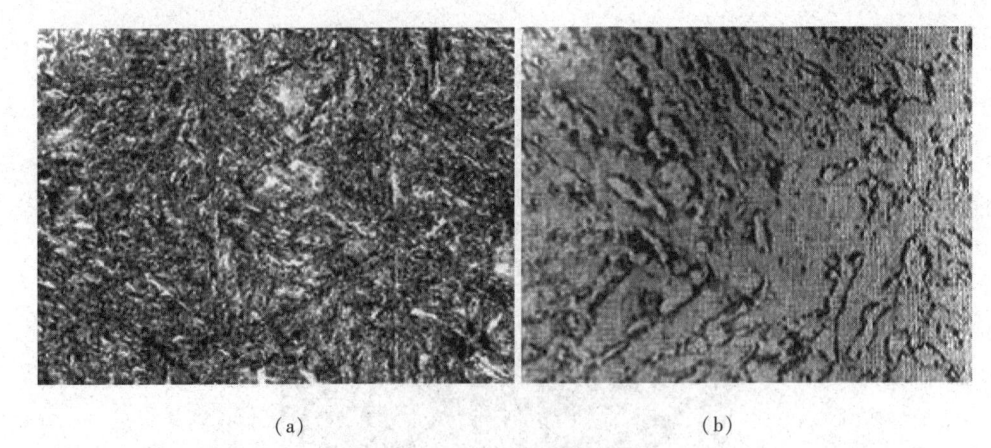

图 7-5　45 钢 400 ℃回火组织

(a)金相照片；(b)电子显微镜照片

3）回火索氏体

淬火钢高温(500~650 ℃)回火得到的组织称为回火索氏体。400 ℃以上回火时，Fe₃C 开始聚集长大。450 ℃以上铁素体发生多边形化，由针片状变为多边形。这种在多边形铁素体基体上分布着颗粒状 Fe₃C 的组织称回火索氏体，用 $S_{回}$ 表示。其特征是已经聚集长大了的渗碳体颗粒均匀分布在铁素体基体上，如图 7-6(a)所示。用电子显微镜可以看出，回火索氏体中的铁素体已不呈针状形态而成等轴状，如图 7-6(b)所示。

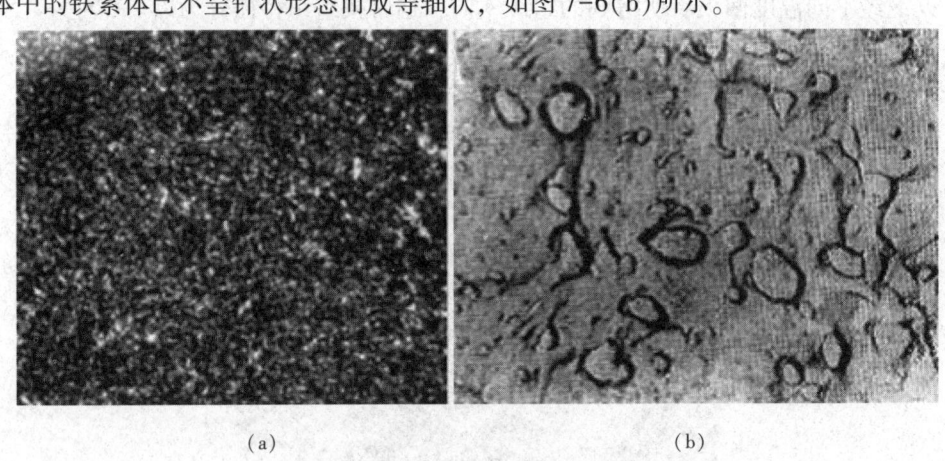

(a)   (b)

图 7-6　45 钢 600 ℃回火组织

(a)金相照片；(b)电子显微镜照片

4. 正火组织

将 45 钢加热到 860 ℃，然后在空气中冷却，这种热处理方式称为正火处理。根据 Fe-Fe₃C 相图可知，在这个温度加热，铁素体溶入奥氏体中，经正火后将得到索氏体和铁素体组织。在金相显微镜中观察到的是呈暗色的索氏体基底上分布有白色块状铁素体，如图 7-7 所示。

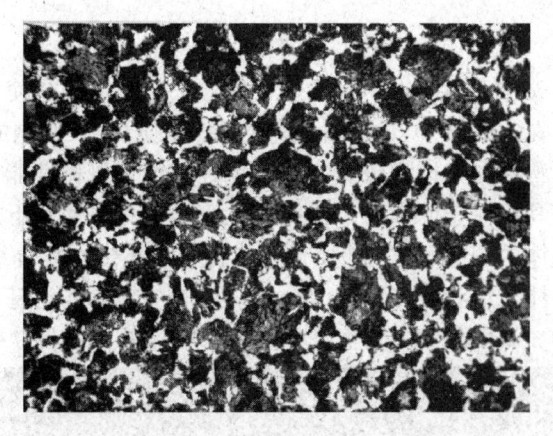

图 7-7　45 钢 860 ℃正火组织

7.2.2　5CrMnMo 钢组织观察

5CrMnMo 钢作为热锻模具钢，具有较高的淬透性和淬硬性，在室温和高温下都具有优良的综合力学性能，较好的热加工性能，本次实验中对 5CrMnMo 热锻模具钢淬火组织和调质组织进行观察。

1. 淬火组织

5CrMnMo 模具钢淬火要点：650 ℃保温按 0.6 min/mm 计算保温时间，830 ℃保温按 0.8~1.0 min/mm 计算保温时间，工作面向上。淬火前预冷到 760 ℃时油冷，并严格控制出油温度在 200 ℃以上，淬火后应放入 200 ℃以上的炉内均热，热透后再升温回火。大型模具在 350~500 ℃、600~800 ℃时工件表面和心部存在最大温差，差值为 300~400 ℃，故 450 ℃、650 ℃保温对减少热应力有好处，所有保温时间按上面要求计算。理论上加热温度应取上限，以保证偏析区也能得到正常组织，加热到 450 ℃并保持一定时间，以进一步减少模具的蓝脆温度范围(250~350 ℃)的温差，450 ℃以下升温速度 30~70 ℃/h，450~650 ℃升温速度 80~120 ℃/h，650 ℃以后可自由升温。油冷时间 12~15 s/mm。图 7-8 所示为 5CrMnMo 钢 820 ℃淬火组织。

图 7-8　5CrMnMo 钢 820 ℃淬火组织

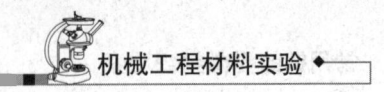

2. 调质组织

调质处理就是指淬火加高温回火的双重热处理方法，其目的是使工件具有良好的综合机械性能。高温回火是指在 500~650 ℃之间进行回火。调质可以使钢的性能、材质得到很大程度的调整，其强度、塑性和韧性都较好，具有良好的综合机械性能。调质处理后得到回火索氏体。回火索氏体是马氏体于回火时形成的，在光学镜相显微镜下放大 500 倍以上才能分辨出来，其为铁素体基体内分布着碳化物（包括渗碳体）球粒的复合组织。它也是马氏体的一种回火组织，是铁素体与粒状碳化物的混合物。此时的铁素体已基本无碳的过饱和度，碳化物也为稳定型碳化物。调质组织在常温下是一种平衡组织，如图 7-9 所示。

图 7-9　5CrMnMo 钢调质组织

7.2.3　T12 钢组织观察

T12 钢由于含碳量高，淬火后有较多过剩的碳化物，使其耐磨性和硬度较高，适合制作不受冲击载荷作用、切削速度不高、切削刃口不变热的工具，如车床车刀、丝锥和板牙等。为了更好地了解 T12 钢的性能，发挥其性能和潜力，本次实验中对 T12 工具钢热处理组织进行观察。T12 钢的临界温度 Ac_1 为 730 ℃，Ac_{cm} 为 820 ℃，Ar_1 为 700 ℃，M_s 为 200 ℃，碳素工具钢热处理工艺一般是球化退火、淬火和低温回火。

1. 正火组织

正火是将 T12 钢加热到 850~870 ℃，保温 2~4 h，出炉进行空冷到室温，经过此工艺处理后的 T12 钢组织中分布着索氏体和粒状渗碳体，为球化退火做好组织准备，如图 7-10 所示。T12 钢是过共析钢，其组织中含有网状二次渗碳体，不能直径进行球化退火，因此在球化退火前要进行正火，以消除组织中的网状二次渗碳体。

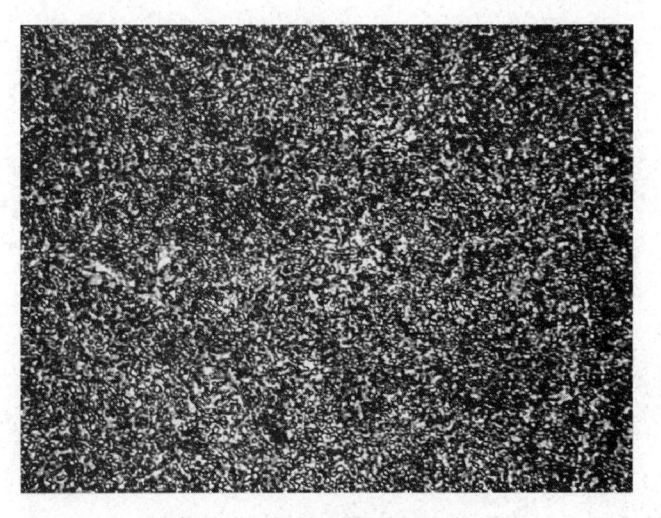

图 7-10　T12 钢 860 ℃正火组织

2. 球化退火组织

球化退火是将 T12 钢加热到 Ac_1 以上 20~30 ℃，保温 2~4 h，以不大于 50 ℃/h 的冷却速度随炉冷却，得到球状珠光体的方法。依据上面的温度参数，将试样加热到 760~770 ℃，保温 2 h，然后以 30~50 ℃/h 的冷却速度冷却到 550~600 ℃ 出炉，空冷到室温，经过此工艺处理后的 T12 钢组织中分布着球状的珠光体，如图 7-11 所示。

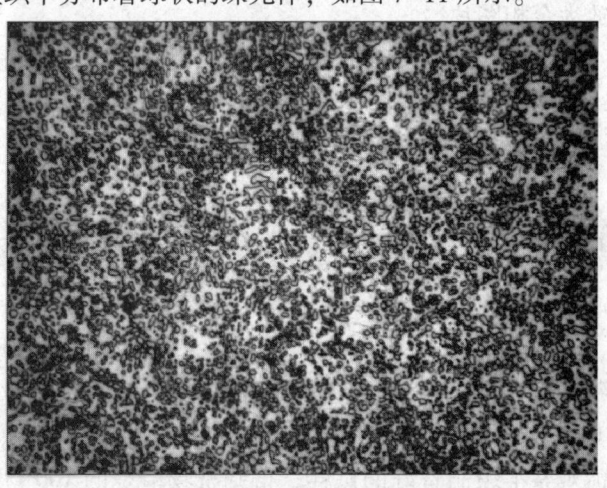

图 7-11　T12 钢球化退火组织

3. 淬火回火组织

淬火时，将 T12 钢加热到 Ac_1 以上 30~50 ℃，保温 2~4 h，然后以大于临界冷却速度进行冷却得到马氏体组织。依据上面的温度参数，将试样加热到 760~780 ℃，保温 2 h，然后出炉，水冷到室温。为了消除淬火时的组织应力和温度应力，需要对淬火后的试样进行低温回火处理。将淬火后的试样加热至 150~250 ℃，保温 1 h，空冷到室温。经过处理后的 T12 钢组织中分布着针状马氏体和粒状的珠光体以及残余奥氏体，如图 7-12 所示。

图 7-12　T12 钢 780 ℃水淬火组织

7.3　实验设备及材料

(1)倒置式金相显微镜。
(2)金相图谱及放大金相图片。
(3)45 钢(热轧、淬火、回火),5CrMnMo 钢(淬火、调质),T12 钢(正火、球化退火、淬火低温回火)。

7.4　实验内容及步骤

(1)在实验前,必须仔细预习实验指导书,并做好准备。
(2)实验开始前,注意了解本实验所用显微镜的结构、使用方法及操作规程。
(3)实验分组:每组人数在 5~6 人为宜。领取试样,并在指定的金相显微镜下进行观察。观察时根据 Fe-Fe$_3$C 相图和奥氏体等温转变图来分析确定各种组织的形成原因。
(4)组内学生轮流观察本组制备好的试样,得到视场清楚的 100×和 500×金相图片,添加比例尺。观察每一试样,写好组织特征的文字说明,描绘这一试样的金相显微组织,经指导教师审核后,在图下注明试样的各项要素,包括名称、化学成分、加工过程、浸蚀剂、放大倍数。

7.5　注意事项

(1) 对各类不同热处理工艺的组织,观察时可采用对比的方式进行分析研究,如正常淬火与不正常淬火、水淬与油淬、淬火马氏体与回火马氏体等。

(2) 对各种不同温度回火后的组织,可采用高倍放大进行观察,必要时参考有关金相图谱。

(3) 正确使用显微镜。实验完毕后,关闭计算机主机电源、显示器电源和金相显微镜电源,盖好防尘罩。

7.6 实验报告

(1) 实验目的。
(2) 实验设备和材料。
(3) 详细说明钢的热处理原理。
(4) 根据观察到的显微组织,手动画图(尺寸为 $\phi40$ mm)并说明材料名称、处理状态、放大倍数和组织中各部分名称,将观察结果填写入表 7-1 中。

表 7-1 观察结果

材料名称	处理状态	放大倍数	组织简图/各部分名称

(5) 分析 45 钢不同温度回火时获得不同组织的原因;分析 5CrMnMo 钢淬火和调质处理后组织的区别;分析 T12 钢球化退火前要进行正火的原因。

(6) 结合本次实验,说明自己的体会和对本次实验的意见。

7.7 思考题

(1) 45钢平衡结晶时室温组织是什么？5CrMnMo钢平衡结晶时室温组织是什么？T12钢平衡结晶时室温组织是什么？

(2) 5CrMnMo钢主要应用在哪些方面？并举例说明。

(3) 网状二次渗碳体有哪些特点？其对组织的影响有哪些？

实验八 常用有色金属材料的显微组织观察

有色金属材料是日常生活中常用的材料之一，应用广泛。为更好地了解有色金属材料的特性，以便更好地利用其性能，满足使用需求，需要更好地了解其组织。本实验就是利用金相显微镜来观察几种常用有色金属的组织，提高学生对其显微组织的认识。

8.1 实验目的

(1) 观察几种常用有色金属的显微组织。
(2) 掌握几种常用有色金属材料的组织和性能的关系及应用。

8.2 实验基本原理

8.2.1 铝合金

铝合金应用十分广泛，主要分铸造铝合金和变形铝合金两类，依照热处理效果，又可分为能热处理强化的铝合金及不能热处理强化的铝合金。

1. 铸造铝合金

铝硅合金是应用最广泛的铸造铝合金，典型的牌号为 ZL102，含硅 11%~13%，从 Al-Si 合金相图可知，其成分在共晶点附近，因而具有优良的铸造性能，即流动性能好，产生铸造裂纹的倾向小。但铸造后得到的组织是粗大针状的硅晶体和 α 固溶体所组成的共晶体及少量呈多面体状的初生硅晶体。粗大的硅晶体极脆，因而严重地降低了合金的塑性和韧性。铸态铝合金显微组织如图 8-1 所示。

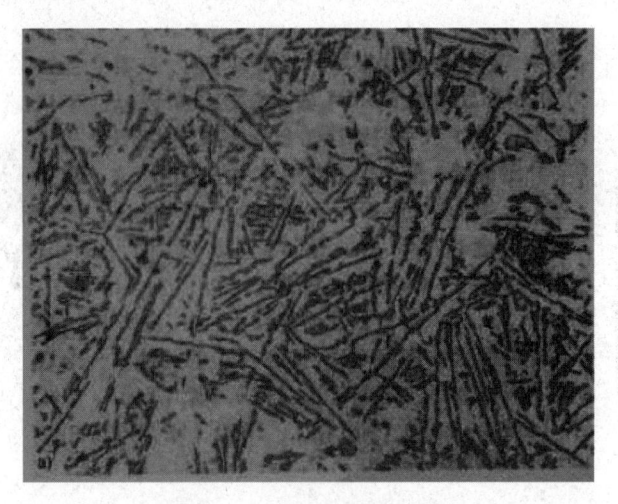

图 8-1 铸态铝合金显微组织

为了改善合金性能,可采用变质处理,即在浇注前在合金液体中加入占合金质量2%~3%的变质剂(常用 NaF+ NaCl 的钠盐混合物)。由于钠能促进硅的生核,并能吸附在硅的表面阻碍它长大,使合金组织大大细化同时使共晶点右移,而原合金成分变为亚共晶成分,所以变质处理后的组织由初生 α 固溶体和细密的共晶体(α+Si)组成。共晶体中的硅细小,因而使合金的强度与塑性显著改善。

铸态显微组织由粗大针状硅晶体和 α 固溶体(亮白色)所组成的共晶体以及初细小的初晶硅构成,这种粗大的针状硅晶体严重降低了合金的塑性和韧性。图 8-2 所示为未变质处理 ZL102 显微组织,图中黑色箭头所指为粗大针状硅晶体。

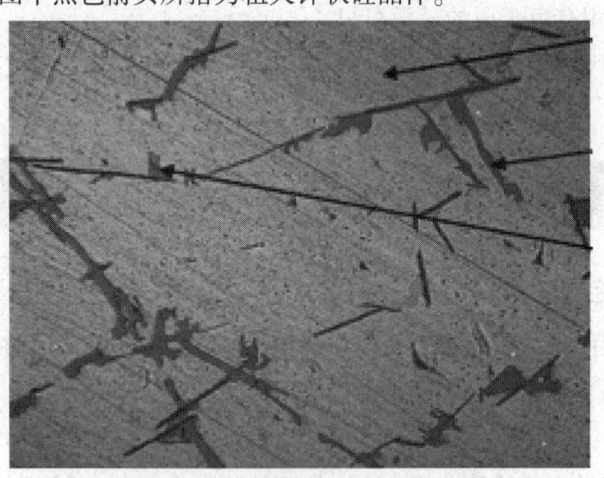

图 8-2 未变质处理 ZL102 显微组织

为了提高硅铝的力学性能,通常需要对其进行变质处理,即在浇注前向 820~850 ℃合金溶液中加入占合金质量2%~3%的变质剂。变质处理后 ZL102 显微组织如图 8-3 所示。变质处理后的组织由初生 α 固溶体枝晶(白亮)及细的共晶体(黑色)组成,由于共晶中的硅呈细小的圆形颗粒,因而合金的强度和塑性显著提高,图 8-3 中从上到下黑色箭头所指分别为初生 α 固溶体枝晶(白亮)及细的共晶体(黑色)。

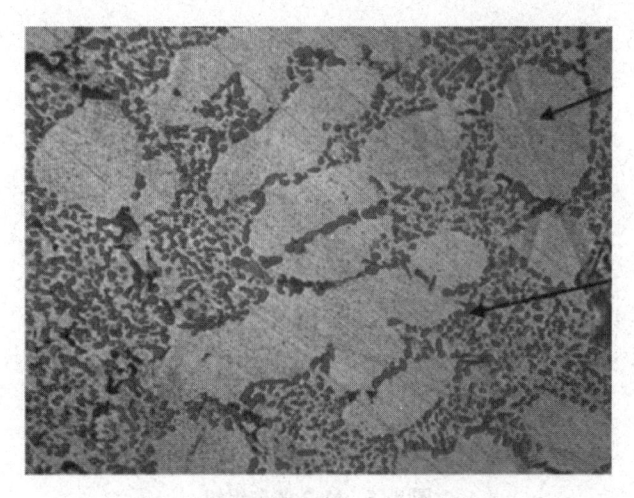

图 8-3 变质处理后 ZL102 显微组织

2. 变形铝合金

变形铝合金是通过冲压、弯曲、轧、挤压等工艺，使其组织、形状发生变化的铝合金。先用熔融法制锭，再经金属塑性变形加工，制成各种形态的铝合金：有热处理可强化铝合金，包括硬铝合金、超硬铝合金、锻造铝合金；还有热处理不可强化的铝合金，主要是各种防锈铝合金。它们在航空、汽车、造船、建筑、化工、机械等各工业部门有广泛应用。

8.2.2 铜合金

最常用的铜合金为黄铜及铝青铜。

1. 黄铜

由铜-锌合金相图可知，少于 36%Zn 的黄铜中组织为单 α 相固溶体，这种黄铜称为 α 黄铜或单相黄铜。单相黄铜 H70 经变形及退火后，其 α 晶粒呈多边形，并有大量退火孪晶。单相黄铜具有良好的塑性，可进行各种冷变形。含 36%~45%Zn 的黄铜具有 α+β 两相组织，称为双相黄铜。单相黄铜耐蚀性和室温塑性好，强度低，适宜进行冷变形加工。双相黄铜室温塑性较差，需要加热到高温进行热加工。

黄铜显微组织如图 8-4 所示。

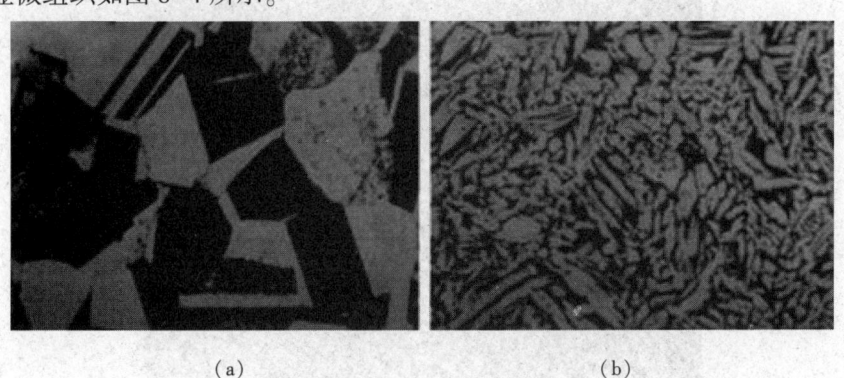

(a)　　　　　　　　　　　　　(b)

图 8-4 黄铜显微组织

(a) 单相黄铜显微组织；(b) 双相黄铜显微组织

图 8-5、图 8-6 分别为 H62 铸态组织和 H62α 单相退火组织。

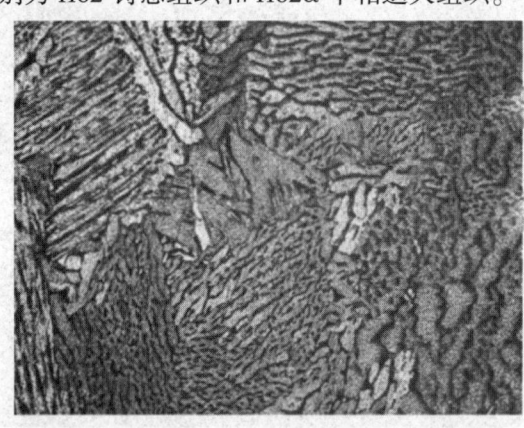

图 8-5　H62 铸态组织

图 8-6　H62α 单相退火组织

双相黄铜 H62 的显微组织中，α 相呈亮白色，β 相为黑色。β 相是以 CuZn 电子化合物为基的有序固溶体，在低温下较硬、较脆，但在高温下有较好的塑性，双相黄铜可以进行热压力加工。图 8-7 所示为 H62α+β 双相铸态组织。

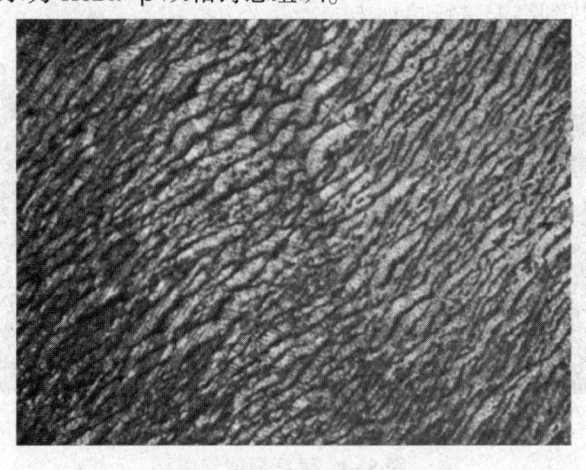

图 8-7　H62α+β 双相铸态组织

2. 铝青铜

铝青铜是铜和铝形成的合金，含铝量一般不超过 11.5%，有时还加入适量的铁、镍、锰等元素，以进一步改善性能。图 8-8 所示为铝青铜铸态组织。含铝量较少的铝青铜可采用淬火或回火等热处理手段进行强化。铝青铜可热处理强化，其强度比锡青铜高，抗高温氧化性也较好，有较高的强度、良好的耐磨性，强度高，冲击韧性好，疲劳强度高，受冲击不产生火花，在大气、海水、碳酸及多数有机酸溶液中耐蚀性很高。

图 8-8 铝青铜铸态组织

8.2.3 镁合金

镁合金是以金属镁为基质，通过添加一些合金元素形成的合金系，通常可分为二元、三元及多组元系合金。二元系如 Mg-Al、Mg-Zn、Mg-Mn、Mg-RE、Mg-Zr 等；三元系如 Mg-Al-Zn、Mg-Al-Si、Mg-Al-RE 等；多元系如 Mg-Th-Zn-Zr、Mg-Ag-Th-RE-Zr 等。因为大多数合金含有不止一种合金元素，所以实际上为了分析问题方便，也为了简化和突出合金中最主要的合金元素，习惯上依据镁与其中的一个主要合金元素，将其划分为二元合金系。

对于 AZ31 镁合金的腐蚀，早期的研究主要集中在合金元素对腐蚀性能的影响上。近几年来，随着加工及表面处理技术的进步，合金耐蚀性的研究较多通过新型的加工技术(如快速凝固技术、半固态成型技术等)和表面处理技术(如化学转化、阳极氧化、微弧氧化等)来直接或间接地提高 AZ31 镁合金的耐蚀性能。总而言之，提高合金耐蚀性的途径主要从以下几个方面入手：减少镁合金杂质含量，提高镁合金的纯度；采用快速凝固、热处理与合金化改性等方法细化合金组织，使成分均匀化。因此，了解镁合金组织，对于提高镁合金质量、防止镁合金腐蚀有重要的意义。

AZ31 镁合金属于典型的亚共晶合金，其凝固区间约为 60 ℃，铸造过程中凝固时间短，冷却速度快，因此无论采用何种方式，其凝固收缩均难以补偿，加之铝元素在镁合金中的扩散速度极慢，凝固过程十分复杂，而镁合金组成相的含量、分布、形态、成分等因素与合金的腐蚀性能密切相关。AZ31 镁合金铸态组织、挤压组织如图 8-9、图 8-10 所示。

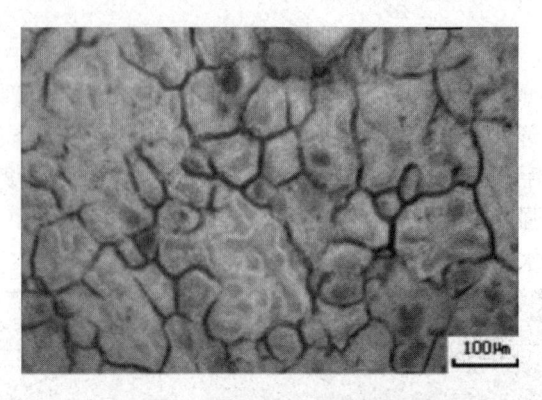

图 8-9　AZ31 镁合金铸态组织

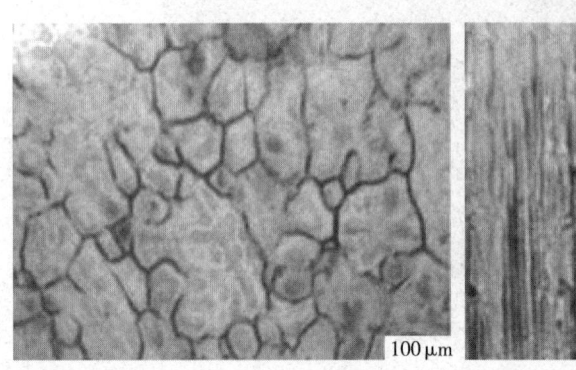

图 8-10　AZ31 镁合金挤压组织
(a)横向挤压组织；(b)纵向挤压组织

8.3　实验设备及材料

(1)倒置式金相显微镜。
(2)粗磨砂轮。
(3)金相砂纸(玻璃板)。
(4)抛光机[抛光布、抛光膏(液)]。
(5)棉花球、不锈钢镊子、电热吹风机。
(6)铝合金浸蚀剂(2 mL 氢氟酸+3 mL 盐酸+5 mL 硝酸+75 mL 水)，铜合金浸蚀剂(10 mL 盐酸+10 mL 硝酸)，镁合金浸蚀剂(4%硝酸酒精溶液)。
(7)金相试样(ϕ20×10 mm 的铝合金 ZL102、铜合金 H62、镁合金 AZ31)。

8.4　实验内容及步骤

(1)试样制备的基本步骤：取样、镶嵌、磨光、抛光。每项操作都必须严格、细心，因为任何失误都可能影响以后的步骤；在极端的情况下，不正确的制样可能造成组织的假相，导致得出错误的结论。

（2）磨光是用砂轮、砂纸等磨粒固定的工具对试样表面进行机械磨制，以去掉切割造成的损伤层，得到平整磨面的过程。

（3）抛光是用各种方法，去掉试样磨面上磨制时产生的磨痕及损伤层，使之成为损伤层较薄（电解抛光、化学抛光一般不会产生新的损伤层）、表面光滑的镜面的过程。目前常用的抛光方法有机械抛光、电解抛光、化学抛光及复合抛光。

8.5 注意事项

（1）由于此次实验的试样相对碳钢来说要软得多，在前道工序磨制的过程中，要时刻观察试样的表面，防止磨制过程中划痕过度产生，为后续磨制过程造成困难。

（2）在抛光试样时，要时刻观察抛光面的情况，防止抛光划痕的出现。

（3）在抛光试样时要有耐心，时刻观察抛光面，杜绝较深划痕的出现。

（4）试样浸蚀时，参考给出的浸蚀剂。在浸蚀过程中要注意安全，尤其是氢氟酸的浸蚀剂，一旦溅到皮肤上，要及时向教师汇报，以便处理。

8.6 实验报告

（1）实验目的。

（2）实验设备和仪器。

（3）常用铝合金、铜合金、镁合金的种类和性能。

（4）根据观察到的显微组织，手动画图（尺寸为 ϕ40 mm）并说明材料名称、处理状态、浸蚀剂和放大倍数和组织中各部分名称，将观察结果填入表 8-1 中。

表 8-1 观察结果

材料名称	处理状态	浸蚀剂/放大倍数	组织简图/各部分名称

续表

材料名称	处理状态	浸蚀剂/放大倍数	组织简图/各部分名称

(5)结合本次实验,说明自己的体会和对本次实验的意见。

8.7 思考题

(1)铝合金的分类有哪些?Al-Zn 系属于哪类镁合金?
(2)铜合金的分类有哪些?常用的青铜分类有哪些?
(3)镁合金的分类有哪些?常用的变形镁合金有哪些?
(4)铸造 Al-Si 合金的成分是如何考虑的?为何要进行变质处理?
(5)抛光有色合金时,有哪些注意事项?

实验九 钢的奥氏体晶粒度与加热温度关系

钢的奥氏体组织是钢进行相变前的基本组织，由于其对相变后的组织具有重要的影响，因此在实验中研究奥氏体晶粒度测定、加热温度对其组织大小影响的变化规律对科学研究和工业生产都具有重要意义。

9.1 实验目的

（1）了解测定奥氏体晶粒度的基本方法。
（2）掌握使用直接腐蚀法显示奥氏体晶粒的组织以及使用比较法评定奥氏体晶粒度的方法。
（3）掌握加热温度对奥氏体晶粒尺寸的影响。

9.2 实验基本原理

钢进行热处理时，通常需要加热到临界温度（Ac_1、Ac_3 或 Ac_{cm}）以上，以获得奥氏体组织，然后通过不同的处理冷却到室温，形成不同的室温组织，以满足不同的服役环境要求。由于在钢加热到奥氏体区的温度和保温时间的不同，得到的奥氏体晶粒组织大小也不同。

在实际生产中，钢的晶粒大小一般不直接使用直径和单位面积中晶粒数量来表示，而是采用晶粒度来表示晶粒的大小。奥氏体晶粒级别与晶粒大小之间的关系通过下式来表示：

$$n = 2^{G-1} \tag{9-1}$$

式中：n——放大 100× 时每平方英寸（约 6.45 cm²）面积内的平均晶粒数目；
G——奥氏体晶粒尺寸级别。

钢中奥氏体晶粒度一般分为 8 个级别，其中 1 级奥氏体晶粒尺寸最为粗大，8 级奥氏体晶粒尺寸最为细小。

奥氏体晶粒根据形成条件的不同，可以分为起始晶粒、本质晶粒和实际晶粒，相对应的尺寸分别称为起始晶粒度、本质晶粒度和实际晶粒度。

9.2.1 起始晶粒度

起始晶粒度就是奥氏体刚刚形成结束时奥氏体晶粒的大小。起始晶粒度的大小取决于奥氏体转变的形核率及其线生长速度。奥氏体转变的形核率越大，线生长速度越小，起始晶粒尺寸就越细小。

9.2.2 本质晶粒度

钢加热到临界点以上某一特定温度[(930±10)℃]，保温一定时间(8 h)，奥氏体组织晶粒尺寸的大小称为奥氏体本质晶粒度。(930±10)℃是保证热处理加热时温度一定在奥氏体区，保温 8 h 是保证奥氏体晶粒组织不再长大。本质晶粒度能够反映钢自身的奥氏体晶粒长大倾向，本质晶粒度在 4 级以下的，称为本质粗晶钢，本质晶粒度为 5~8 级的，称为本质细晶钢。根据本质晶粒度，能够初步估计钢经过热处理后晶粒尺寸的大小，从而定性评估钢的力学性能。因为钢在室温下组织已经由奥氏体转变为别的室温组织，为了显示钢的本质晶粒，需要采用以下方法来显示奥氏体晶粒。

1. 渗碳法

渗碳法适用于测定渗碳钢的本质晶粒度。在渗碳时，提高试样表面的含碳量，渗碳后的试样表层含碳量增加，试样在缓冷中先共析的渗碳体沿着原奥氏体晶界析出，刻画出奥氏体晶粒。

测定时，要求待测试样表面无氧化脱碳，把试样装入 40%$BaCO_3$+60%木炭的渗碳箱中密封好，并放入(930±10)℃炉中加热，保温 8 h 后，随炉以 50 ℃/h 的速度缓冷至 600 ℃以下，空冷或缓冷至室温。渗碳后的试样经过磨制(至少磨去 2 mm)，抛光，浸蚀(可用 4%硝酸酒精溶液或 4%苦味酸酒精溶液)后，进行组织观察，即可看到原奥氏体晶粒。在操作中，渗碳剂要严格干燥，渗碳箱要密封严实，渗碳后的试样必须缓冷，当渗碳层较浅时，磨制深度可浅一些。

2. 氧化法

氧化法适用于测定渗碳钢的本质晶粒度。过程如下：将磨光并抛光后的试样放入硼砂槽或其他盐浴中，加热至(930±10)℃，保温 3 h 后，再放入(930±10)℃的 $\frac{1}{3}BaCl_2$+$\frac{1}{3}NaCl$+$\frac{1}{3}CaCl_2$ 的盐中进行热腐蚀 2 min，腐蚀后在煤油中进行冷却，最后进行短时间抛光和腐蚀(4%硝酸酒精溶液)来显示奥氏体晶粒。

采用此法显示奥氏体晶粒时，会因为氧化过重或磨制深度过浅，使奥氏体晶内的镶嵌块边界也与晶内一起被氧化，而且试样同样也容易受到奥氏体化前期低温氧化作用的影响，在试样表层会遗留下细晶假相。若加热时保护不当，产生全脱碳区，也要出现假的大晶粒。因此在氧化法操作过程中要严格防止加热及保温过程中的氧化和脱碳。

3. 网状铁素体法

网状铁素体法适用于测定亚共析钢的奥氏体晶粒。其测试过程是将试样加热到(930±

10)℃，保温 3 h 后，再根据钢种不同，选择适当的冷却方法（可直接水冷、油冷、空冷、炉冷或等温冷却等），将试样冷却到室温。试样处理后，用硝酸或苦味酸酒精溶液腐蚀，可以显示出被腐蚀变黑的组织（珠光体、贝氏体或马氏体），这些组织的外围即为网状铁素体。铁素体所围绕区域的大小即为原奥氏体晶粒的大小。

4. 网状珠光体（屈氏体）法

网状珠光体法适用于淬透性不大的碳素钢及低合金钢。其测试过程是将试样在(930±10)℃炉内加热，保温 3 h 后，将试样一端淬入水中。冷却后在试样过渡带可清晰地看到围绕在马氏体周围的黑色屈氏体组织，它所围绕的面积，即为原奥氏体晶粒。试样热处理后，磨去脱碳层，抛光后用硝酸或苦味酸酒精溶液腐蚀。

5. 加热缓冷法

加热缓冷法适用于测定过共析钢的奥氏体晶粒度。测试时，将试样加热至(930±10)℃，保温 3 h 后冷却到 600 ℃（冷却速度为 80～100 ℃/h），使碳化物沿奥氏体晶界析出以显示晶粒大小。经上述热处理的试样抛光后，应使用硝酸或苦味酸酒精溶液腐蚀。

6. 直接腐蚀法

直接腐蚀法也叫晶粒边界腐蚀法。此法适用于测定淬火得到的马氏体或贝氏体组织钢的奥氏体晶粒度。试样不经磨制即可进行热处理：将试样加热至(930±10)℃，保温 3 h 后水冷，然后磨去脱碳层制成金相试样，用含有 0.5%～1% 的烷基磺酸盐的 100 g 苦味酸饱和水溶液进行浸蚀。晶粒边界被腐蚀变黑，即可用以测定奥氏体的晶粒度。为了得到更清晰的组织，试样可经二次或三次腐蚀、抛光重复操作；或将腐蚀剂加热到(500±10)℃后，进行热腐蚀。也可先将试样在烷基苯磺酸钠饱和苦味酸水溶液中浸蚀，经抛光去掉表面黑膜，再用饱和苦味酸酒精溶液腐蚀，再次轻微抛光后即可进行观察。

7. 真空法

真空法是将试样磨制、抛光后装入真空炉中，加热至(930±10)℃，保温 3 h 随炉冷至 200 ℃以下，停止扩散泵，继续随炉冷至室温。出炉后可在显微镜下直接观察。

上述几种测量奥氏体本质晶粒度的方法中，直接腐蚀法和真空法在测试中钢表面的化学成分不发生变化（相对于渗碳法和氧化法），也不受晶界处过剩相（铁素体或渗碳体）或组织（屈氏体）的干扰，因而所显示的晶粒度较接近实际尺寸。另外，直接腐蚀法对实验用的设备没有特殊要求，是一种值得推广的方法。这几种测定奥氏体本质晶粒度的实验方法，在原则上也可用来测定钢在具体热处理条件下的实际晶粒度。

9.2.3 实际晶粒度

实际晶粒度是指钢在某一具体热处理条件下得到的奥氏体晶粒尺寸的大小。对于钢来说，通常的晶粒度是指奥氏体化后的实际晶粒度。实际晶粒度主要受加热温度和保温时间的影响。加热温度越高，保温时间越长，钢的实际晶粒越易大变粗。

通过生产实践可知，钢加热时生成的奥氏体晶粒尺寸的大小，对于随后发生的热处理转变产物具有重要影响，进而影响钢的力学性能和工艺性能。比如，粗大的奥氏体晶粒热处理转变后会获得较为粗大的转变产物，而细小的奥氏体晶粒热处理转变后会获得较为细小的转变产物。相对于细小的转变产物来说，这种粗大的转变产物塑性和韧性要差得多，使用过程中容易出现提前失效。

测量实际晶粒度时，待测试样直接在交货状态下进行取样。在取样过程中，要注意取样方法和仪器的选择，避免试样受到冷、热加工的影响，使数据产生误差。待测试样一般不需要经过任何的预先热处理，可以直接通过试样的磨制、抛光和浸蚀等步骤直接制取。这种实验方法依据钢种类及化学成分和状态的不同而不同。

对结构钢淬火和调质的钢，其原奥氏体晶粒的浸蚀剂如下：

(1) 饱和的苦味酸水溶液；

(2) 结晶苦味酸 4 g，水 100 mL (加热至沸腾，浸蚀 15~20 s)；

(3) 饱和苦味酸水溶液 100 mL+洗净剂 1 g；

(4) 10%苦味酸乙醚溶液+盐酸 1~2 mL。

对于大多数钢种淬火回火态的原奥氏体晶粒的显示，以苦味酸为基的试剂为宜，常用的试剂成分为饱和苦味酸水溶液 100 mL+洗净剂 10 mL+酸 (微量)。

9.2.4 奥氏体晶粒度的评定

常用的奥氏体晶粒度的评定方法有比较法和截点法两种，一般采用比较法。

1. 比较法

比较法是通过对金相的观察与标准评级图来评定晶粒尺寸大小并进行比较的，从而确定晶粒度级别。具体操作方法如下：将待测试样在金相显微镜下放大到 100× 进行观察，然后对照标准评级图进行比较，当两者的晶粒大小相同时，试样的晶粒度即标准评级图上对应的等级。当待测试样的晶粒尺寸大小不一时，如果占优势晶粒尺寸的晶粒面积不少于视场的 90% 时，则可认定为该级别晶粒度，否则需要使用不同级别来表示此钢的晶粒度，如用 A 级 (70%)、B 级 (30%) 的方法来表示。图 9-1 所示为晶粒度评级图。

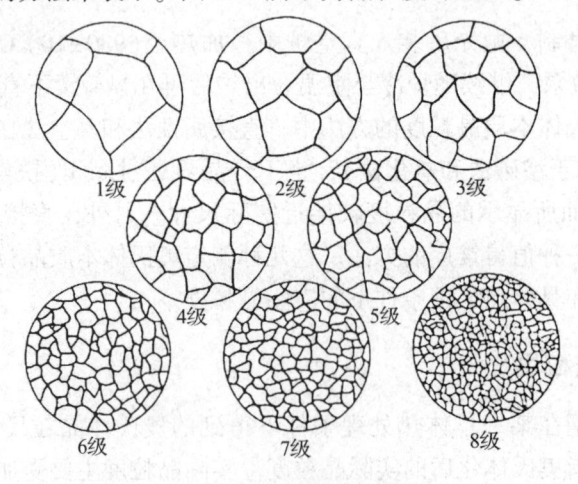

图 9-1 晶粒度评级图

在实际测量时，如果晶粒尺寸过大或过小，使用 100× 进行观察不方便时，需要改为其他倍数进行观察和评定，此时评定的晶粒度级别按照表 9-1 进行换算。

表 9-1 不同放大倍数下晶粒度级别

放大倍数	晶粒度级别									
	1	2	3	4	5	6	7	8	9	10
50	−1	0	1	2	3	4	5	6	7	8
100	1	2	3	4	5	6	7	8	9	10
200	3	4	5	6	7	8	9	10	11	12
400	5	6	7	8	9	10	11	12	13	14
800	7	8	9	10	11	12	13	14	15	16

2. 截点法

截点法较为复杂，只有当测量准确度要求很高或晶粒为椭圆形时才采用。

测量等轴晶粒时，先对试样进行初步观察，确定晶粒的均匀程度，然后选择具有带变形的部位及显微放大倍数(倍数的选择以在 80 mm 视野直径范围内不少于 50 个晶粒为宜)，接着将选定的组织投影到毛玻璃片上，计算毛玻璃片上每一条直线相交所截得的晶粒数目，也可在带有刻度的目镜上直接进行观察。测量时，直线端部未被完全交截的晶粒应以一个晶粒来计算，相同的测量办法最少应在 3 个不同部位分别进行，用相截的晶粒总数除以直线总长度，得出弦的平均长度，再根据弦的平均长度即可确定钢的晶粒度大小。

9.3 实验设备及材料

(1) 型号为 BSK-C25 的箱式电阻加热炉。
(2) 倒置式金相显微镜。
(3) 金相砂纸(玻璃板)。
(4) 抛光机[抛光布、抛光膏(液)]。
(5) 浸蚀剂(4%硝酸酒精溶液)。
(6) 晶粒度标准评级图。
(7) 金相试样(ϕ20×10 mm 的 45 钢、40Cr 钢、T8 钢)。

9.4 实验内容及步骤

(1) 在实验前，必须仔细预习实验指导书，并做好准备。
(2) 实验开始前，注意了解本实验所用显微镜的结构、使用方法及操作规程。
(3) 实验分组：每组人数在 5~6 人为宜。领取试样，将试样两端面粗磨、精磨并抛光处理，制成金相试样。
(4) 将制备好的试样放入已升温到规定温度(850 ℃、900 ℃、950 ℃、1 000 ℃、1 100 ℃)的热处理炉中进行加热，试样已磨制面向上，保证试样加热和氧化均匀，待试样在规定温度保温 30 min 后，立即取出放入水中进行冷却。每组学生做一种试样的规定测试温度。
(5) 将冷却到室温的试样已磨制面进行磨制，待磨面光亮后，进行抛光处理。为了在评级的过程中能够找到一个适合的评级区域，也可将试样表面磨制抛光成具有一定倾角(10°~

15°)的倾斜面。

(6)试样抛光后在金相显微镜下进行观察,如果试样的晶界显示不清楚,可以采用浸蚀剂对试样进行浸蚀处理,就可以得到清晰的奥氏体晶界。

(7)对金相显微镜中的金相调整,放大到100×,得到清晰的金相图片,然后根据金相显微镜中的金相,使用比较法,对比晶粒度标准评级图,判定钢的奥氏体晶粒度。

9.5 注意事项

(1)试样磨制时,注意试样的磨去量要合适。磨去量过多,会将氧化晶界全部磨掉,影响晶粒度的评级;磨去量太少,只能看见氧化膜,不能看清晶粒内部组织。

(2)磨制时,为了更好地观察晶粒度,可以把磨制面磨成一定斜度的斜面,保证晶粒度的评级。

(3)试样出炉后要快速冷却,防止产生的铁素体呈块状析出,影响奥氏体晶界的辨别。

(4)进行晶粒度评级时,尽可能选用100×的金相放大倍数。

9.6 实验报告

(1)实验目的。
(2)实验设备和仪器。
(3)实验原理。
(4)奥氏体晶粒显示和评定的步骤。
(5)画出所观测到的试样的晶粒,并根据晶粒度标准评级图进行评级。
(6)根据不同测试温度评定试样的奥氏体晶粒度,并把结果填入表9-2中。根据结果作出温度-奥氏体晶粒度关系曲线,并对实验数据进行分析整理,找出奥氏体晶粒度随温度变化的规律和原因。

表9-2 钢的奥氏体晶粒度评级

试样	测试温度/℃				
	850	900	950	1 000	1 100
45					
40Cr					
T8					

(7)结合本次实验,说明自己的体会和对本次实验的意见。

9.7 思考题

(1)实际工作中对材料的评级采用最多的是哪种晶粒度?
(2)可能会引起本质晶粒度的因素有哪些?

实验十　钢的淬透性

钢通过淬火处理可以获得马氏体，提高钢的硬度，发挥其使用潜力。淬火过程中获得马氏体层深度的大小对于钢具有重要意义，可以用淬透性来描述这种深度。

10.1　实验目的

(1) 了解淬透性的概念。
(2) 学会用末端淬火法测定钢的淬透性。
(3) 比较 45 钢和 40Cr 钢的淬透性。

10.2　实验基本原理

10.2.1　钢的淬透性

钢的淬透性是指钢经奥氏体化后在淬火时能够得到淬硬层深度的能力，通常用淬透性曲线来表示。淬透性是钢的一种热处理工艺性能。淬透性对钢的组织和性能有着重要的影响，钢的淬硬层越深，表明淬透性越好。因而淬透性也是机械零件设计、选择钢种和制订热处理工艺的重要依据之一。为了合理地选择和使用钢，正确地制订热处理工艺，对钢的淬透性进行测量具有重要的实际意义。

淬火是一种较为常见的热处理工艺，对于结构钢和工具钢来说，淬火就是为了获得马氏体组织，提高其硬度和强度。如果经过淬火整个钢的界面都能得到马氏体，则称为钢被淬透，当心部冷却速度小于临界淬火速度时，则在心部出现非马氏体，称为未淬透。一般淬火时，钢的表面冷却速度较快，越靠近钢的心部，冷却速度越慢。从钢的表面到其心部，在淬火时依次形成的组织是马氏体、托氏体、索氏体。淬火后，表面到心部一定深度可获得马氏体组织，这种马氏体组织的深度通常被称为淬透层深度或淬硬层深度。钢淬火后的断面组织如图 10-1 所示。

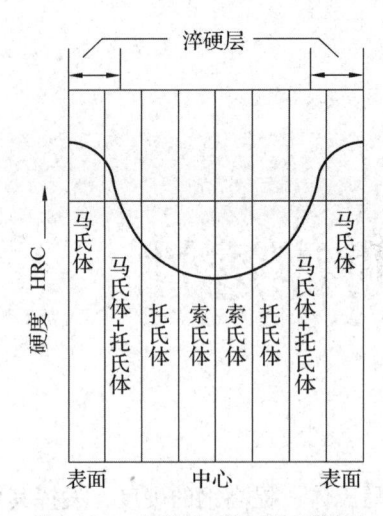

图 10-1 钢淬火后的断面组织

　　淬透性反映钢获得马氏体的能力，一般用标准尺寸试样在一定条件下淬火得到的淬硬层深度或全部淬透的最大直径来表示淬透性的大小。不同钢的淬硬层深度及最大淬透直径不同，淬硬层深度越大，最大淬透直径越大，表示这种刚的淬透性越好。

　　在测量淬透性的时，不是以全部马氏体组织或含有少量残余奥氏体组织层的深度作为判定淬透性的标准，因为实际中，含有5%~10%非马氏体组织的马氏体组织中是不能清晰分辨并测量的，因此实际淬透性测量是以从表面至心部获得半马氏体组织(此时50%是马氏体组织，50%是非马氏体组织)时的深度来表示淬透层的深度，并以此作为淬透性的标准。该区域测量容易，浸蚀后的断面呈现出明显的明暗分界。但对于要求严格的重要钢制零件，如航空产品上各种承力构件，要求淬火后零件中心部分也能得到全部马氏体组织。这时淬硬层的深度是指从淬火零件表面开始往中心，直到出现非马氏体组织(屈氏体、贝氏体)为止的深度。

　　影响淬透性的因素很多，最主要的是钢的化学成分，其次为奥氏体化温度、晶粒度等。钢的淬透性与过冷奥氏体稳定性有密切的关系。奥氏体向珠光体转变的速度越慢，也就是等温转变开始曲线越向右移，钢的淬透性越大，反之就越小。可见，影响淬透性的因素与影响奥氏体等温转变的因素是相同的。钢中含碳量对临界冷却速度的影响：亚共析钢随含碳量的增加，临界冷却速度降低，淬透性增加；过共析钢随含碳量的增加，临界冷却速度增高，淬透性下降。含碳量超过1.2%时，淬透性明显降低。

10.2.2　概念区分

1. 概念区别

　　(1)淬透性：表明钢淬火时获得马氏体的能力。过冷奥氏体越稳定，C曲线越向右移，马氏体临界冷却速度越小，钢的淬透性越好(越高)，它主要取决于奥氏体合金含量。

　　(2)淬硬性：表示钢淬火后能达到最高硬度的能力。淬火后硬度越高，淬硬性越好(越高)。它主要取决于马氏体碳的质量分数，合金元素含量对淬硬性没有显著影响。

　　因此，淬透性好的钢，其淬硬性不一定高。淬透性与淬硬性两者之间没有必然联系。

2. 具体条件下区别

淬透性和具体零件的淬透层深度的关系如下：在同样奥氏体条件下，同一种钢的淬透性是相同的，但不能说同一种钢水淬与油淬时的有效淬透层深度相同。钢的淬透层深度与钢的临界冷速度、工件的截面尺寸和介质的冷却能力有关。同样条件下，钢的临界冷却速度越小，工件的淬透层深度越深，而淬透性却不随工件形状、尺寸和介质的冷却能力改变，即淬透性是钢的本身属性，它不随外界具体条件的变化而变化；而具体零件的淬透层深度随外界条件、自身零件的形状、加工方法等的变化而发生变化。

10.2.3 淬透性的实际意义

力学性能是机械设计中选材的主要依据，而钢的淬透性又会直接影响热处理后的力学性能。因此选材时，必须对钢的淬透性有充分了解。

对于截面尺寸较大和在动载荷下工作的许多重要零件，以及承受拉和压应力的连接螺栓、拉杆、锤杆等重要零件，常常要求零件的表面与心部力学性能一致，此时应选用高淬透性的钢制造，并要求全部淬透。通过处理能够满足服役环境对零件的要求。对于承受弯曲或扭转载荷的轴类、齿轮零件，其表面受力最大、心部受力最小，则可选用淬透性较低的钢种，只要求淬透层深度为工件半径或厚度的 1/3～1/2 即可。对于某些工件，不可选用淬透性高的钢。例如焊件，若选用高淬透性钢，易在焊缝热影响区内出现淬火组织，造成焊件变形开裂。

因此，淬透性对于工程上的应用具有重要的现实意义。

10.2.4 淬透性的测试方法

淬透性的测试可以大致分为计算法和实验法两类。目前主要使用的方法是实验法，它主要是通过测定标准试样来评价钢的淬透性。具体的实验法有多种，下面介绍其中常用的 3 种方法。

1. 断口检验法

在退火钢棒截面中部截取 2～3 个试样，方形试样的横截面尺寸为 20 mm×20 mm（±0.2 mm），圆形截面为 ϕ22～33 mm，长度为 (100±5) mm，试样中间一侧开一个深度为 3～5 mm 的 V 形槽，以利于淬火后打断观察断口。试样分别在 760 ℃、800 ℃、840 ℃ 温度下加热 15～20 min，然后淬入 10～30 ℃ 的水中，淬火后用锤将其折断。通过观察断口上淬硬表层（脆断区）深度，对照相应的标准评级图来评定淬透性等级。

2. 临界直径法

所谓"临界淬透直径"是指钢在一定介质中淬火时，中心能获得半马氏体组织的最大直径。用 U 曲线法做实验时，可以找到在一定的淬火介质中冷却时心部恰好能够淬透（截面中心的硬度为半马氏体硬度，即组织恰好对应含 50% 马氏体组织）的临界直径，用 D_0 表示，实验示意图如图 10-2 所示。

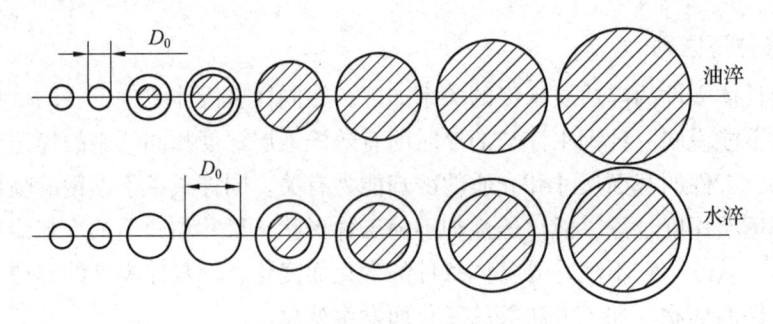

图 10-2 临界直径法实验示意图

D_0 与淬火介质有关。为了排除冷却条件的影响，假定淬火介质的冷却强度值为无穷大，试样淬火时其表面温度立即冷却到淬火介质的温度，此时所能淬透的最大直径称为理想临界直径，显然，理想临界直径仅取决于钢的成分，因此可用它作为判别不同钢种淬透性的依据。理想临界直径可以通过实验得出的半马氏体区厚度在特定的曲线图中查出。

3. 末端淬火法

目前测定钢的淬透性最常用的方法是末端淬火法（又称顶端淬火法，简称端淬法），实验示意图如图 10-3 所示。

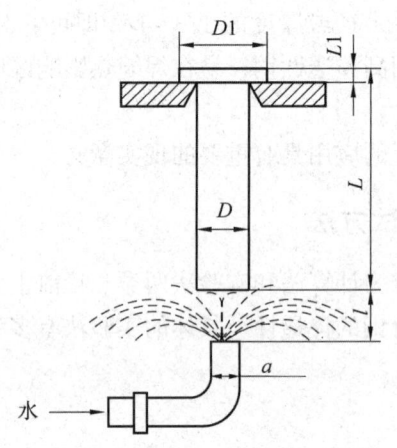

图 10-3 末端淬火法实验示意图

此方法简便而经济，又能较完整地提供钢的淬火硬化特性，克服了上述方法的缺点，故广泛应用于优质碳素钢、合金结构钢、弹簧钢、轴承钢及合金工具钢等的淬透性测量。末端淬火法实验参数如表 10-1 所示。

表 10-1 末端淬火法实验参数

试样尺寸				保温时间 t/min	喷水口内径 a/mm	自由水柱高度 h/mm	喷水口至试样端面间距离 l/mm
直径 D/mm	头部直径 D_1/mm	长度 L/mm	头部厚度 L_1/mm				
$25_0^{+0.5}$	30~32	100±0.5	3	$30_0^{+0.5}$	12.5±0.5	65±10	12.5±0.5

根据相关国家标准（GB/T 225—2006）规定，钢的淬透性用末端淬火法测定。测定时，将标准试样（ϕ25 mm×100 mm）按规定的奥氏体化条件加热后，迅速取出放入末端淬火试验

机的试样架孔中，立即由末端喷水冷却。因试样是一端喷水冷却，故水冷端的冷速最快，越往上冷得越慢，头部相当于空冷。因此，沿试样长度方向上由于冷却条件的不同，获得的组织和性能也将不同。冷却完毕后，沿试样纵向两侧各磨去 0.4 mm，并自水冷端 1.5 mm 处开始测定硬度，每隔一定间距测试一个硬度值，即可得到沿长度方向上的硬度变化。绘出硬度与至水冷端距离的关系曲线，即为该钢的淬透性曲线，如图 10-4 所示。

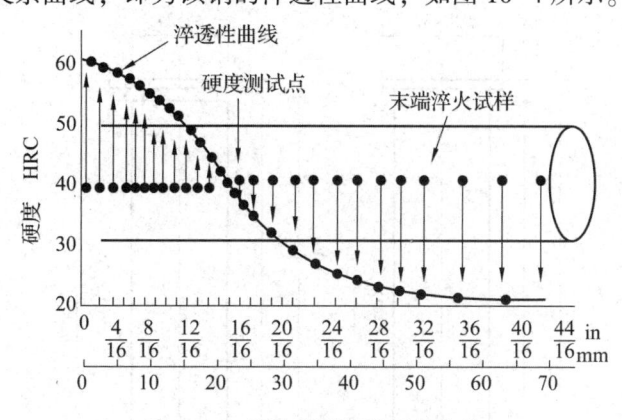

图 10-4 距冷端距离淬透性曲线

淬透性曲线的实际应用如下。

（1）近端面 1.5 mm 处的硬度可代表钢的淬硬性，因这点的硬度在一般情况下，表示 99.9% 马氏体的硬度。

（2）曲线上拐点处的硬度大致是 50% 马氏体的硬度，该点离水冷端距离的远近表示钢的淬透性大小。

（3）整个曲线上的硬度分布情况，特别是在拐点附近，硬度变化平稳标志着钢的淬透性大，变化剧烈标志着淬透性小。

（4）钢的淬透性可作为机器零件的选材和制订热处理工艺的重要依据。

（5）确定钢的临界淬火直径。

（6）确定钢件截面上的硬度分布。

试样和冷却条件是规定的，所以试样各部分的冷却速度也是固定的，这样端淬法就排除了试样的具体形状和冷却条件的影响。同时可截取各点处的试样，进行金相组织观察，结合淬透性曲线和金相图片就可明确冷却速度、金相组织和硬度之间的关系。钢材的淬透性用 J(HRC/d) 表示，其中 J 表示端淬法，d 为距水冷端距离，HRC 为在该处测定的硬度值。

10.3 实验设备及材料

（1）型号为 BSK-C25 的箱式电阻加热炉。

（2）末端淬火设备。

（3）砂轮。

（4）硬度计如图 5-4 所示，型号为 HBRV-187.5。

(5)高温试样夹子。

(6)面罩、手套等防护用品。

(7)游标卡尺。

(8)末端淬火试样(45钢、40Cr钢),标准试样尺寸如图10-5所示,本实验选用图10-5(a)所示的带凸缘的试样。

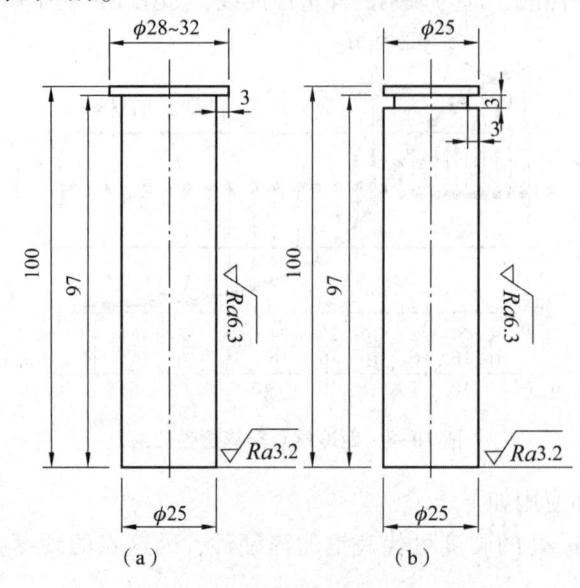

图 10-5　标准试样尺寸
(a)带凸缘的试样;(b)带凹槽的试样

10.4　实验内容及步骤

(1)在实验前,必须仔细预习实验指导书,并做好准备。

(2)实验分组:每组人数在5~6人为宜。领取试样,并根据钢种选取淬火加热温度。

(3)将试样放入保护管内,并在保护管底部充填少量石墨粉、木屑或生铁屑,防止试样在加热时表面发生氧化脱碳,然后把实验改装入预先加热到淬火温度的电炉中进行加热。

(4)实验前熟悉末端淬火操作方法,调整好末端淬火设备,调试完毕后,用玻璃板盖住喷水口,等待实验。

(5)试样加热到淬火温度后并保温30 min,用钳子夹住取出试样,迅速放入末端淬火设备支架的空中,抽掉玻璃板开始进行末端淬火。

(6)将淬火后的试样两端深度上各磨去0.4~0.5 mm(宽3~5 mm),得到两个相互平行的平面,按照硬度操作规程测试硬度,一般测试范围为45~50 mm。

(7)测试硬度时,试样和支架之间应良好地固定。然后在1 470 N(150 kgf)试验力下测试洛氏硬度HRC值,或在294 N(30 kgf)试验力下测试维氏硬度HV值。

(8)根据实验数据,进行分析和整理。

10.5 注意事项

(1) 试样从加热炉中取出至末端淬火设备上进行淬火开始的时间总长不得超过 5 s，水淬时间大于 10 min。

(2) 要保证试样的轴线与喷水口中心线在一条直线上，勿使水从侧面喷溅到试样表面，同时要控制好水压以便于实验顺利进行。

(3) 在磨制淬火后试样两平行端时，要注意砂轮的速度，防止试样发生回火。

(4) 距淬火端面任一规定距离的硬度值为两个测试平面上硬度测试结果的平均值。使用硬度计进行硬度测试时，每对平行面最少测试 3 个点，并取其平均值作为该点的硬度。

10.6 实验报告

(1) 实验目的。
(2) 实验设备和仪器。
(3) 实验原理。
(4) 末端淬火法实验步骤。
(5) 把测量好的实验数据填入表 10-2 中。

表 10-2　末端淬火法实验数据

材质	硬度	淬火温度	与水冷端距离/mm								
			1.5	3	4	5	7	9	12	15	18	20
45												
40Cr												

材质	硬度	淬火温度	与水冷端距离/mm								
			22	25	28	30	32	35	38	40	42	45
45												
40Cr												

(6) 作出淬透性曲线，对实验数据进行分析，找出 45 钢和 40Cr 钢的淬透性和淬硬性，并比较两者的淬透性。

(7) 根据实验数据，以横坐标表示距淬火端面的距离，以纵坐标表示相应距离处的硬度值，绘制硬度变化曲线，得到钢的淬透性曲线。根据数据确定试样的淬透性。

(8) 说明淬透性的实际意义。

(9) 结合本次实验，说明自己的体会和对本次实验的意见。

10.7 思考题

(1) 影响淬透性的因素有哪些？
(2) 淬火时的介质有哪些？常用的淬火方法有哪些？
(3) 什么是淬硬性、淬透性？
(4) 钢种含碳量不同时，淬透性曲线有何变化？
(5) 淬火温度对淬硬性的影响有哪些？

实验十一　金属塑性变形与再结晶

金属材料经过冷塑性变形后，不仅外观会发生变化，内部的晶粒形状和尺寸也会发生相应的伸长或碎化，晶粒内的位错密度会剧烈增加，形成许多亚结构。当这种经过冷变形的金属材料经过再结晶处理后，其内部的晶粒形状、尺寸、位错密度都会发生相应的变化，并完全恢复到软化的状态。这种变化对研究金属材料的性能具有重要的指导意义。

11.1　实验目的

（1）了解塑性变形对金属组织的影响。
（2）了解金属经过塑性冷变形后显微组织及机械性能的变化。
（3）掌握变形量、加热温度和保温时间对再结晶晶粒的影响。

11.2　实验基本原理

11.2.1　冷加工对金属组织和力学性能的影响

金属材料在外力的作用下，当外载荷应力超过金属材料弹性极限时，金属材料就会发生永久性的塑性变形。发生塑性变形的金属，不但外形发生塑性变形，其内部的组织也会发生相应的变化，晶粒沿着金属变形方向拉长，形成显微组织，产生位错，或形成亚晶界。在金相显微镜下可以观察到晶粒沿变形方向伸长的情况，工业纯铁的伸长情况如图11-1所示。

从图11-1中可以看出，随着变形量的增加，晶粒逐渐被拉长，沿着变形方向的强度逐渐增大，继续变形会产生变形困难的现象，即加工硬化现象。此时材料的强度和硬度增加，塑性下降，金属的电阻增加，耐蚀性能下降。经过透射电子显微镜观察会发现，随着变形量的增大，位错密度和胞状亚结构会越来越大。

(a)　　　　　　　　　　(b)

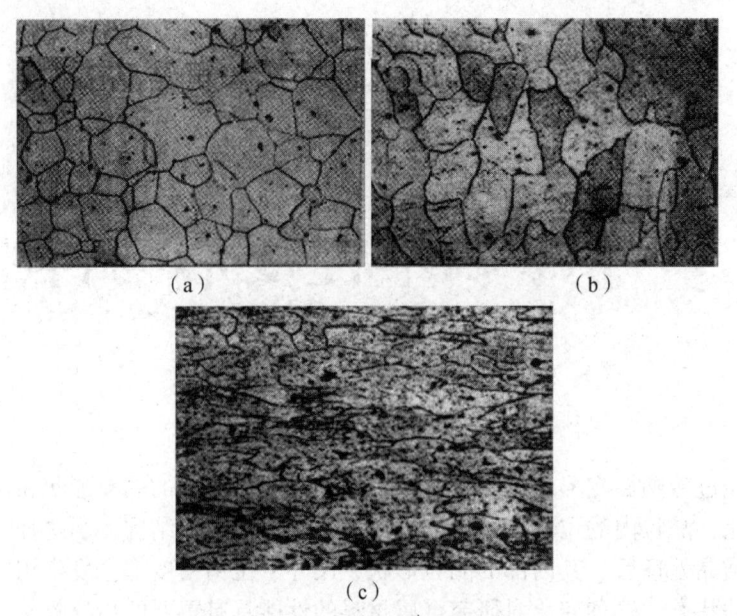

(c)

图 11-1　工业纯铁晶粒沿变形方向伸长
(a)未变形；(b)变形 20%；(c)变形 60%

11.2.2　加热对冷加工的金属组织和力学性能的影响

经过冷加工变形后的金属处于一种不稳定的状态，为了使这种冷加工变形后的金属在使用中不发生危险，需要使这种金属恢复到稳定的状态。加热时，金属材料的原子活动能力会增强，使这种不稳定的状态恢复到稳定状态。按照加热温度的高低，将这种恢复的过程分成3 个阶段，即回复阶段、再结晶阶段和晶粒长大阶段。加热过程中变形金属组织和性能变化示意图如图 11-2 所示。

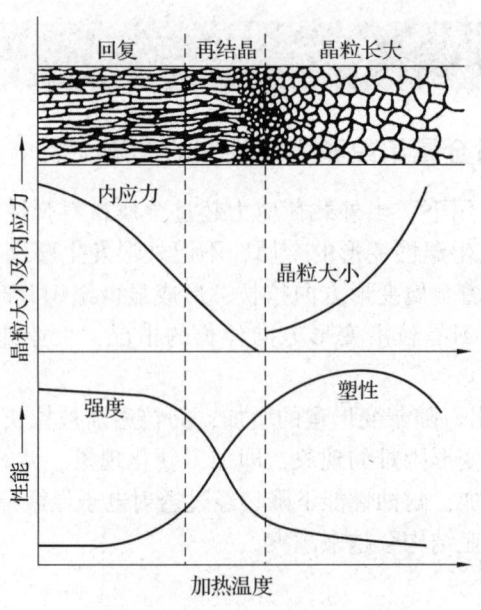

图 11-2　加热过程中变形金属组织和性能变化示意图

从图 11-2 可以看出，回复时，组织没有明显变化，而在再结晶和晶粒长大阶段，变形金属的组织发生明显变化。回复时，晶内缺陷的密度减小，电阻和内应力明显降低，当温度达到再结合温度时，在变形较大的位置将会优先形核，形成再结晶晶粒的核心，该再结晶晶粒长大的驱动力就是晶格畸变能。当畸变的晶格形成细小的等轴晶时，再结晶过程完成。如果进一步升高温度和或延长保温时间，晶粒将以界面能减少为驱动力不断合并长大，进入晶粒长大阶段。

在回复阶段，金属材料的强度几乎不发生变化，只有在即将进入再结晶阶段时才会有所下降。在再结晶阶段，金属材料的强度明显下降，这个过程直到再结晶结束时，强度基本恢复到变形前的情况，这说明再结晶过程后，冷加工变形的金属材料完全失去了加工硬化现象。当加热温度继续升高，再结晶晶粒之间发生聚集，晶粒长大、粗化，使金属的强度和塑性都下降。

11.2.3 再结晶后晶粒尺寸大小与变形量之间的关系

再结晶后晶粒尺寸的大小与再结晶加热温度、保温时间、加热速度、变形量及变形前原始晶粒度之间都有关系。当变形量较小时，晶内变形储存的畸变能不足以完成再结晶而使金属材料保持变形后的状态。当变形量达到一定量时，再结晶后的晶粒尺寸特别粗大。这个变形量称为临界变形程度。金属材料在临界变形程度以下时，只有少数晶粒具备再结晶的条件，而绝大部分晶粒不能形核，发生再结晶，因此所形成的再结晶晶核数目必然很少，由它们长大而成的晶粒(无畸变区)靠吞并周围晶粒迅速长大，其结果造成晶粒特别粗大。当变形量超过临界变形程度时，随着变形量的增加，变形的均匀程度也增加，再结晶退火后的晶粒也逐渐细化。

几种材料的临界变形程度如表 11-1 所示。除非特别需要，在生产中尽可能避免材料在临界变形程度内进行变形，以免形成粗大的晶粒，恶化材料性能。

表 11-1 几种材料的临界变形程度

材料	铁	钢	铝	铜及黄铜
临界变形程度	2%~10%	5%~10%	2%~5%	5%

11.3 实验设备及材料

(1) 倒置式金相显微镜，如图 1-5 所示。
(2) HBRV-187.5 布洛维光学硬度计，如图 5-4 所示。
(3) 型号为 BSK-C25 程控马弗炉，如图 6-4 所示。
(4) 20 钢(未变形)、20 钢(20%变形量)、20 钢(60%变形量)；35 钢(未变形)、35 钢(20%变形量)、35 钢(60%变形量)；45 钢(未变形)、45 钢(20%变形量)、45 钢(60%变形量)；T8 钢(未变形)、T8 钢(20%变形量)、T8 钢(60%变形量)。

11.4 实验内容及步骤

(1) 在实验前,必须仔细预习实验指导书,并做好准备。

(2) 实验分组:每组人数在 5~6 人为宜。领取同一钢种的试样 3 支(变形量已经测量好),在试样端部位置做好标记,防止实验时发生混淆。

(3) 每组学生利用 HBRV-187.5 布洛维光学硬度计测试室温下本组试样的洛氏硬度。

(4) 每组学生利用 BSK-C25 程控马弗炉把本组试样分别加热到 560 ℃、580 ℃和 600 ℃ 后保温 30 min 出炉,空冷后利用 HBRV-187.5 布洛维光学硬度计测试室温下本组试样的洛氏硬度。

(5) 每组学生利用 BSK-C25 程控马弗炉把本组试样加热到 580 ℃后分别保温 30 min、60 min 和 90 min 出炉,空冷后利用 HBRV-187.5 布洛维光学硬度计测试室温下本组试样的洛氏硬度。

(6) 将步骤(3)、(4)、(5)测试硬度后的试样进行磨制腐蚀并观察组织变化情况。组织和硬度的测试部位平行于试样的延伸方向。

11.5 注意事项

(1) 不同材质不同变形量的材料做好标记,严禁混淆。

(2) 对于变形量较大的材质,在试样制备过程中要严格控制试样磨制,实时观察,保证试样的表面光滑。严格控制试样的浸蚀时间,防止过度浸蚀。

(3) 变形量较大的试样在测试硬度时要多测试几点,舍弃测量值偏离较大的点。

11.6 实验报告

(1) 实验目的。

(2) 实验设备和材料。

(3) 实验原理。

(4) 实验步骤。

(5) 把实验中测得的数据填入表 11-2~表 11-4 中,并在表格相应位置处画出组织形貌图。对比和分析不同变形量、不同加热温度和不同保温时间对材料硬度和组织的影响。

表 11-2　变形量对硬度的影响

试样名称	变形量	硬度测试				组织形貌
		第一次	第二次	第三次	平均值	
20	0%					
	20%					
	60%					

表 11-3　加热温度对硬度的影响

试样名称	加热温度	硬度测试				组织形貌
		第一次	第二次	第三次	平均值	
20	560 ℃					
	580 ℃					
	600 ℃					

表 11-4　保温时间对硬度的影响

试样名称	保温时间	硬度测试				组织形貌
		第一次	第二次	第三次	平均值	
20	30 min					
	60 min					
	90 min					

(6) 结合本次实验，说明自己的体会和对本次实验的意见。

11.7　思考题

(1) 从本质上说，金属塑性变形是由什么引起的？
(2) 回复和再结晶的主要特征是什么？
(3) 再结晶晶核形核位置在哪里？在形核位置形核的主要原因是什么？

实验十二　钢中非金属夹杂物的显微检验

众所周知，钢铁材料内部存在着各种的非金属夹杂物，它们有一部分是由冶炼原材料带入的，另一部分是由冶炼过程中添加的造渣材料形成的，还有因为氧化等原因形成的。这些在钢中的非金属夹杂物，破坏了材料连接的紧密性，割裂了材料之间的连续性，对材料的性能有着重要的影响。因此通过对钢中非金属夹杂物的显微检验，能够使人们更加清楚地认识到非金属形貌特征和属性，对提高钢的纯净度具有重要的指引作用。

12.1　实验目的

(1)熟悉金相显微镜的使用方法。
(2)掌握常见夹杂物的金相特征。
(3)掌握钢中非金属夹杂物的金相检测方法。

12.2　实验基本原理

12.2.1　钢中非金属夹杂物的分类

1. 按照来源分

(1)外来夹杂物：是指从耐火材料、熔渣等混入钢水中并残留在其中的颗粒状夹杂物。这类夹杂物的尺寸通常较大，容易上浮，但在钢中这类夹杂物的出现带有一定的偶然性和形状的不规则性。

(2)内生夹杂物：是指钢水在冶炼、浇注和凝固过程中，钢液内进行的各种化学反应，生成各种化合物，这些化合物不能及时地从钢水中排除而残留在钢中形成夹杂物。内生夹杂物按照形成的时间可以分为4个阶段：一次夹杂(脱氧反应产物)，二次夹杂(出钢浇注形成)、三次夹杂(再生夹杂)、四次夹杂(固态形变形成)。

2. 按照化学成分分

(1)氧化物：FeO、SiO_2、Al_2O_3 等。

(2)硫化物：FeS、MnS 等。

(3)氮化物：TiN、ZrN 等。

3. 按照夹杂物变形性能分

(1)脆性夹杂物：这类夹杂物没有塑性，热加工变形时，尺寸和形状没有变化，如 Al_2O_3、Cr_2O_3 等。

(2)塑性夹杂物：这类夹杂物有塑性，热加工变形时，尺寸和形状随变形方向形成条带状，如 SiO_2 等。

(3)球状(点状)不变形夹杂物：如铸态硅酸盐等。

4. 按照夹杂物尺寸分

(1)大型夹杂物：尺寸大于 100 μm。

(2)中型夹杂物：尺寸为 1~100 μm。

(3)小型夹杂物：尺寸小于 1 μm。

12.2.2 钢中非金属夹杂物对钢性能的影响

(1)对钢强度的影响：当夹杂物的尺寸较大(>10 μm)时，一般会明显降低钢的屈服强度和抗拉强度。当夹杂物尺寸较小(<0.3 μm)时，由于夹杂物的弥散分布，能够提高钢的屈服强度和抗拉强度，但会降低延伸率。

(2)对钢延伸性的影响：通常夹杂物对钢的纵向延伸率影响较小，但对横向延伸率影响较大。随着横截面夹杂物量的增多，钢的收缩率明显降低。

(3)对钢韧性的影响：随着钢种硫化物数量和长度的增加，钢材的纵向、横向冲击韧性、断裂韧性都明显下降。

(4)对钢切削性能的影响：球状的硫化物能显著提高钢材的切削性能，且硫化物颗粒越大，钢材切削性越好。

(5)对钢疲劳性能的影响：夹杂物都使钢材的抗疲劳性能下降，脆性夹杂物比塑性夹杂物的影响更大，外来大型氧化物更明显。

(6)对钢抗腐蚀性能的影响：与硫化物和硫化物复合的某些氧化物是钢材造成腐蚀的根源，复合夹杂物的影响更大，而单独的氧化物不会造成点蚀现象。

(7)对钢表面光洁度的影响：夹杂物都使钢的表面光洁度下降，氧化物是最主要的，钢的表面光洁度随夹杂物数量的增加而下降，夹杂物的本性影响不是很大。

(8)对钢焊接性能的影响：硫化物和大型氧化物都使钢材的焊接性能下降。

12.2.3 钢中非金属夹杂物的鉴定方法

1. 明场像的观察

通过明场像观察试样中非金属夹杂物的尺寸、形状、分布、颜色及可塑性、可磨性，并

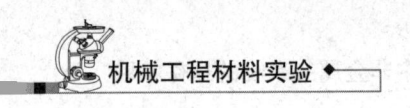

记录相关观察项目的资料。

(1) 尺寸。要求在不同的观测微区采用相同放大倍数，并记录下夹杂物的大小，如极粗大、粗大、中等、细小、极细小等不同等级。若同类夹杂物有不同大小应注明多数夹杂物的尺寸。

(2) 形状。不同种类的夹杂物通常具有特殊的形状，有的为规则的几何形状，如长方形(如 TiN 或 ZrN)、三角形、方形等；有的则为不规则外形，如卵形、椭圆形(如 FeO、MnO、稀土类杂物等)。此外，有的呈球形(如铸态硅酸盐、铝酸钙等)，还有的呈纺锤形、线形(如 MnS 等)。夹杂物的形态是判断其类型的依据之一。根据明场像夹杂物的形状进行记录，并进行比对，粗略确定夹杂物的种类。

(3) 分布。夹杂物有任意分布(如 TiN)、串状或链状分布(如 Al_2O_3)，晶界分布(如低熔点共晶体 FeS+Fe)等。根据明场像夹杂物的分布位置和状态进行记录，并进行比对，粗略确定夹杂物的种类。

(4) 颜色。透明夹杂物在明场下颜色较暗，不透明夹杂则呈不同的浅色，如 TiN 为金黄色、ZrN 为柠檬黄色、MnS 为浅灰色。根据明场像夹杂物的颜色进行记录，并进行比对，粗略确定夹杂物的种类。

(5) 可塑性。观察夹杂物是否沿变形方向伸展或破碎。据此粗略判断夹杂物的可塑性。

2. 暗场像的观察

不同的夹杂物具有不同的色彩和透明度，这些色彩和透明度是鉴定夹杂物类型的重要依据。为了更好地区分夹杂物的种类，需要利用暗场像进行观察。在暗场下，夹杂物会发亮，并显示本身颜色。而不透明的夹杂物在暗场下呈暗黑色，有时能看到一亮边。据此能够粗略确定夹杂物的种类。

3. 偏振光的观察

通过偏振光的观察，能够鉴定夹杂物是各向同性或异性。虽然偏光可以显示夹杂物的透明度和固有色彩，但效果不如暗场。

12.2.4 钢中非金属夹杂物的定量鉴定方法

为了更好地了解钢中非金属夹杂物，只对其定性观察还不能完全揭示其特征，为此需要对其进行定量鉴定。

在进行非金属夹杂物的定量鉴定时，通常采用与标准评级图进行对比的方法来进行评级。GB/T 10561—2005《钢中非金属夹杂物含量的测定-标准评级图显微检验法》中采用 ISO 的标准，将钢中非金属分为 5 类，分别是 A 类、B 类、C 类、D 类、DS 类。

(1) A 类(硫化物类)：具有高的延展性，有较宽范围形态比(长度/宽度)的单个灰色夹杂物，一般端部呈圆角，其形态图如图 12-1 所示。

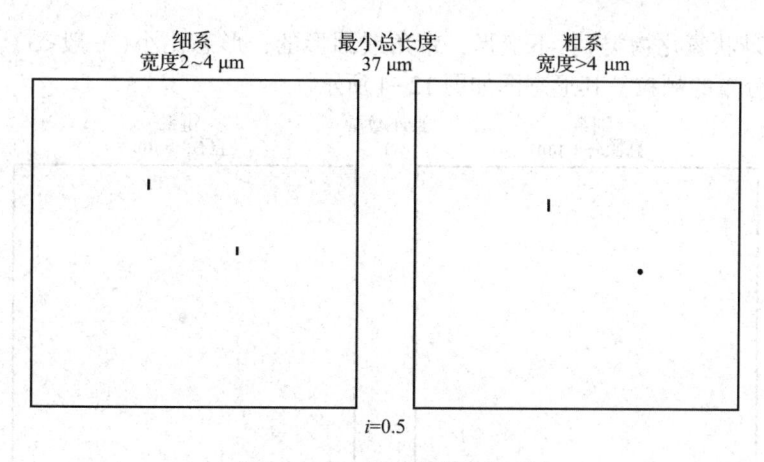

细系	最小总长度	粗系
宽度2~4 μm	37 μm	宽度>4 μm

$i=0.5$

图 12-1　A 类夹杂物形态图

(2) B 类 (氧化铝类)：大多数没有变形，带角的，形态比小 (一般<3)，黑色或带蓝色的颗粒，沿轧制方向排成一行 (至少有 3 个颗粒)，其形态图如图 12-2 所示。

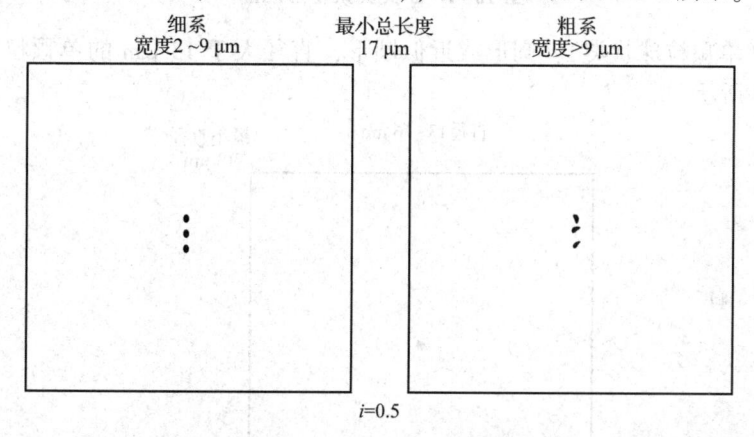

细系	最小总长度	粗系
宽度2~9 μm	17 μm	宽度>9 μm

$i=0.5$

图 12-2　B 类夹杂物形态图

(3) C 类 (硅酸盐类)：具有高的延展性，有较宽范围形态比 (一般≥3) 的单个呈黑色或深灰色夹杂物，一般端部呈锐角，其形态图如图 12-3 所示。

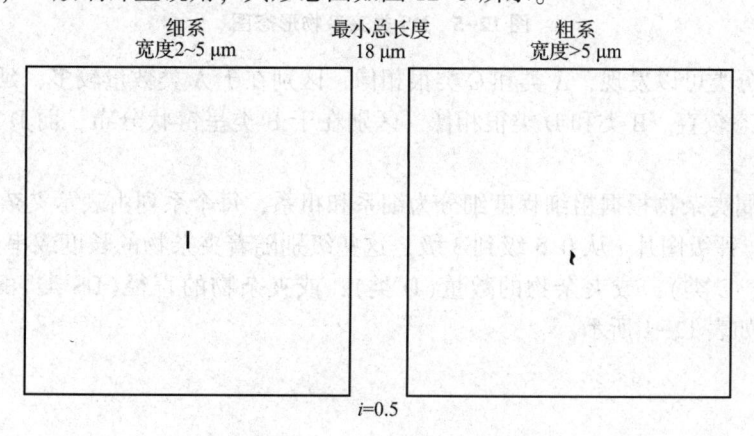

细系	最小总长度	粗系
宽度2~5 μm	18 μm	宽度>5 μm

$i=0.5$

图 12-3　C 类夹杂物形态图

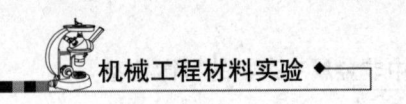

（4）D类（球状氧化物类）：不变形，带角或圆形的，形态比小（一般<3），黑色或带蓝色的，无规则分布的颗粒，其形态图如图12-4所示。

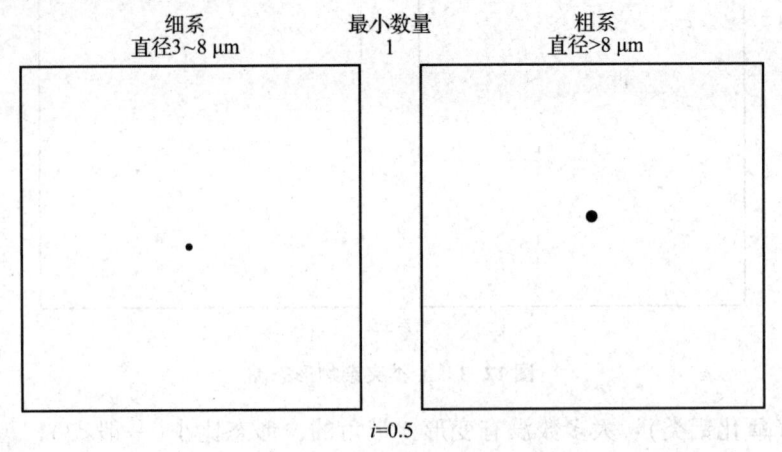

图 12-4　D类夹杂物形态图

（5）DS类（单颗粒球状类）：圆形或近似圆形，直径大于13 μm的单颗粒夹杂物，其形态图如图12-5所示。

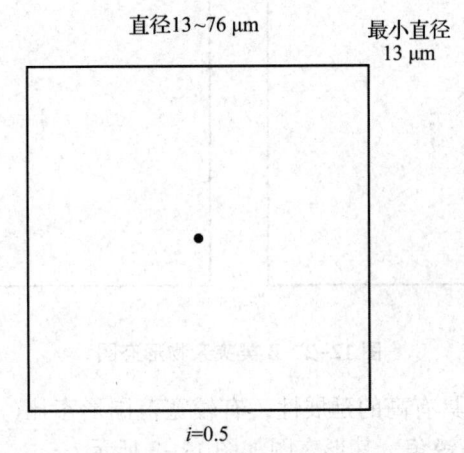

图 12-5　DS类夹杂物形态图

比较上述分类可以发现，A类和C类很相像，区别在于A类数量较多，延伸程度小于C类，且A类形态较直。B类和D类很相像，区别在于B类呈链状分布，而D类分布状态为分散的点状。

每类非金属夹杂物根据粗细程度细分为细系和粗系，每个系列由表示夹杂物含量递增的6级图片组成。评级图片 i 从0.5级到3级，这些级别随着夹杂物的长度或串（条）状夹杂物的长度（A、B、C类），或夹杂物的数量（D类），或夹杂物的直径（DS类）的增加而递增，具体评级界限如表12-1所示。

表 12-1 评级界限(最小值)

评级图级别 i	夹杂物类别				
	A 总长度 /μm	B 总长度 /μm	C 总长度 /μm	D 数量 /个	DS 直径 /μm
0.5	37	17	18	1	13
1	127	77	76	4	19
1.5	261	184	176	9	27
2	436	343	320	16	38
2.5	649	555	510	25	53
3	898 (<1 181)	822 (<1 147)	746 (<1 029)	36 (<49)	76 (<107)

注：以上 A、B 和 C 类夹杂物的总长度是按相应公式计算所得，并取最接近的整数。

各类夹杂物的宽度划分界限如表 12-2 所示。例如，图谱 A 类 $i=2$ 表示在显微镜下观察的夹杂物的形态属于 A 类，而分布和数量属于第 2 级图片。

表 12-2 各类夹杂物的宽度划分界限

类别	细系		粗系	
	最小宽度 /μm	最大宽度 /μm	最小宽度 /μm	最大宽度 /μm
A	2	4	>4	12
B	2	9	>9	15
C	2	5	>5	12
D	3	8	>8	13

注：D 类夹杂物的最大尺寸定义为直径。

对夹杂物进行评级时，选择放大倍数为 100×，评级时一般选择最恶劣视场下的图片进行评级。评级结果表示有两种方法：A 法和 B 法。

A 法表示与每类夹杂物和每个宽度系列夹杂物最恶劣视场相符合的级别。在每类夹杂物代号后加上最恶劣视场的级别，用字母 e 表示出现粗系的夹杂物，s 表示出现超尺寸夹杂物。例如，A2，B1e，C3，D1，B2.5s，DS0.5。用于表示非传统类型的夹杂物下应注明其含义。

B 法表示给定观察视场数(N)中每类夹杂物及每个宽度系列夹杂物在给定级别上的视场总数。对于给定的各类夹杂物的级别，可用所有视场的全套数据，按专门的方法来表示其结果，如根据双方协议规定总级别(i_{tot})或平均级别(i_{moy})。例如，A 类夹杂物，级别为 0.5 的视场数为 n_1，级别为 1 的视场数为 n_2，级别为 1.5 的视场数为 n_3，级别为 2 的视场数为 n_4，级别为 2.5 的视场数为 n_5，级别为 3 的视场数为 n_6，则

$$i_{\text{tot}} = (n_1 \times 0.5) + (n_2 \times 1) + (n_3 \times 1.5) + (n_4 \times 2) + (n_5 \times 2.5) + (n_6 \times 3)$$

$$i_{\text{moy}} = i_{\text{tot}}/N$$

式中：N——所观察的视场总数。

12.3　实验设备及材料

(1) 倒置式金相显微镜，如图 1-5 所示。
(2) 20 钢(淬火态)、45 钢(淬火态)、T8 钢(淬火态)和 T10 钢(淬火态)。
(3) 夹杂物标准评级图。

12.4　实验内容及步骤

(1) 在实验前，必须仔细预习实验指导书，并做好准备。
(2) 实验分组：每组人数在 5~6 人为宜。领取试样，在试样端部位置做好标记，防止实验时发生混淆。
(3) 取样时沿轧制方向，磨制纵向截面观察夹杂物大小、形状、数量，横向截面观察夹杂物从边缘到中心的分布。试样表面无划痕、无锈蚀点、无扰乱层、不浸蚀。试样按照实验二中的方法进行磨制。
(4) 将磨制好的试样放在光学金相显微镜下观察，用 $(100\pm2)\times$ 倍观察试样的金相，在显微镜的适当位置上放置边长为 71 mm 的正方形塑料检测网格，以使在图像上检测框内的面积为 0.50 mm^2。
(5) 按照 A 法给出夹杂物的评级结果。

12.5　注意事项

(1) 制备试样时要多注意观察，及时清除试样表面的外来杂质。
(2) 抛光试样时，注意及时清洁抛光布，用大量清水清洗试样表面。

12.6　实验报告

(1) 实验目的。
(2) 实验设备和材料。
(3) 实验原理。
(4) 实验步骤。
(5) 根据目镜观测的结果对夹杂物进行评级，将评级结果填入表 12-3 中。

(6) 把最恶劣视场下视野的试样形貌绘制于表12-4中。

表12-3 夹杂物评级结果

序号	试样材料	热处理状态	夹杂物评级结果				
			A类	B类	C类	D类	DS类
1							
2							
3							
4							

表12-4 夹杂物评级结果(绘制试样形貌)

试样材料	夹杂物评级结果				
	A类	B类	C类	D类	DS类
20钢(淬火态)					
45钢(淬火态)					
T8钢(淬火态)					
T10钢(淬火态)					

(7) 结合本次实验,说明自己的体会和对本次实验的意见。

12.7 思考题

(1) 在制作金相图片时,哪些因素可能会影响夹杂物的定性?
(2) 哪种夹杂物可以提高钢的切削加工性能?
(3) 采取哪些措施可以减少外来夹杂物?
(4) 为什么要检验钢中的夹杂物?

实验十三 低碳钢/铸铁拉伸实验

拉伸实验是材料的力学性能实验中最基本最重要的实验,是工程上广泛使用的测定材料力学性能的方法之一。对于钢铁材料而言,拉伸性能也是其重要力学性能之一。本实验以低碳钢和铸铁为代表,介绍塑性材料在拉伸时的机械性能,同时介绍万能材料试验机的使用方法。

13.1 实验目的

(1)了解万能材料试验机的结构及工作原理,熟悉其操作规程及正确使用方法。
(2)通过实验,观察低碳钢和铸铁在拉伸时的变形规律和破坏现象,并进行比较。
(3)测定低碳钢拉伸时的屈服极限σ_s、强度极限σ_b、延伸率δ和截面收缩率ψ,以及铸铁拉伸时的强度极限σ_b。

13.2 实验基本原理

13.2.1 低碳钢拉伸实验

1. 屈服极限σ_s及抗拉强度σ_b的测定

低碳钢拉伸时的P-ΔL曲线如图13-1所示。对低碳钢拉伸试样加载,当到达屈服阶段时,低碳钢的P-ΔL曲线呈锯齿形。与最高载荷P_{su}对应的应力称为上屈服点,它受变形速度和试样形状的影响,一般不作为强度指标。同样,载荷首次下降的最低点(初始瞬时效应)也不作为强度指标。一般将初始瞬时效应以后的最低载荷P_{sl},除以试样的初始横截面面积A_0,作为屈服极限σ_s,即

$$\sigma_s = \frac{P_{sl}}{A_0} \tag{13-1}$$

若试验机由示力度盘和指针指示载荷,则在进入屈服阶段后,示力指针停止前进,并开

始倒退，这时应注意指针的波动情况，捕捉指针所指的最低载荷 P_{sl}。屈服阶段过后，进入强化阶段，试样又恢复了抵抗继续变形的能力。载荷到达最大值 P_b 时，试样某一局部的截面明显缩小，出现"颈缩"现象。这时示力度盘的从动针停留在 P_b 不动，主动针则迅速倒退，表明载荷迅速下降，试样即将被拉断。以试样的初始横截面面积 A_0 除 P_b 得抗拉强度 σ_b，即：

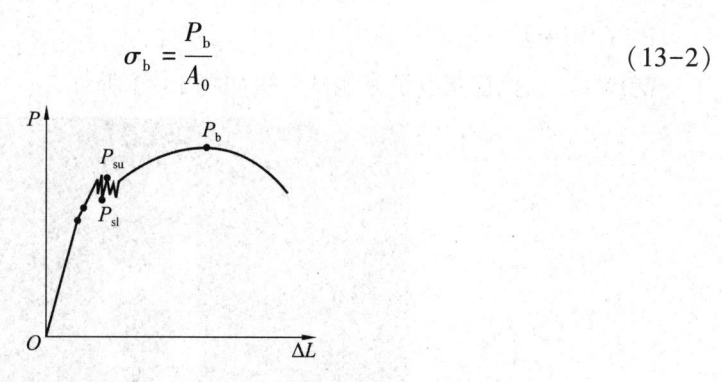

$$\sigma_b = \frac{P_b}{A_0} \tag{13-2}$$

图 13-1 低碳钢拉伸时的 P-ΔL 曲线

2. 伸长率 δ 及断面收缩率 ψ 的测定

试样的标距原长为 L_0，拉断后将两段试样紧密地对接在一起，量出拉断后的标距长为 L_1，断后伸长率应为：

$$\delta = \frac{L_1 - L_0}{L_0} \times 100\% \tag{13-3}$$

试样初始直径为 A_0，试样拉断后，设颈缩处的最小横截面面积为 A_1，由于断口不是规则的圆形，应在两个相互垂直的方向上量取最小截面的直径，以其平均值计算 A_1，然后按下式计算断面收缩率：

$$\psi = \frac{A_0 - A_1}{A_0} \times 100\% \tag{13-4}$$

13.2.2 铸铁拉伸实验

铸铁拉伸的 P-ΔL 曲线如图 13-2 所示。

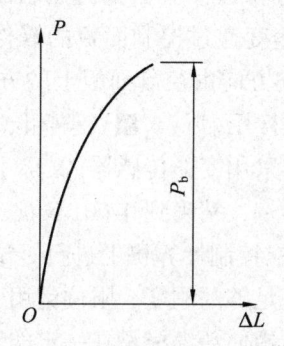

图 13-2 铸铁拉伸的 P-ΔL 曲线

铸铁属于脆性材料，拉伸过程中没有屈服和颈缩现象，它的 P-ΔL 曲线近似一条斜直线，本实验只测铸铁的抗拉强度极限，所以实验结束后主动针退回零位，从动针所指示的载荷即是 P_b，代入式（13-2）计算得 σ_b。

13.2.3 拉伸设备

1. 工作原理

WDW300 微机控制电子万能试验机如图 13-3 所示。

图 13-3 WDW300 微机控制电子万能试验机

WDW300 微机控制电子万能试验机主要由主机和控制计算机、打印机组成，其中主机是试验机的重要部分。其工作原理如下：主机的动力源是一个电动机，通过减速装置和丝杠带动活动横梁向上或向下运动，使试样产生拉伸或压缩变形。安装在活动横梁上的力传感器测量试样变形过程中的力值，即载荷值；同时，丝杠的转动带动主机内部一个光电编码器，通过控制器换算成活动横梁的位移值。力值和位移值在主机控制面板的液晶显示屏上显示为"试验力"和"位移"。活动横梁的移动速度通过控制面板的操作键控制如下：〈F3〉键增加速度；〈F4〉键减小速度。活动横梁的移动方向由控制面板上的方向键控制如下：〈▲〉键向上运动（试样拉伸）；〈▼〉键向下运动（试样压缩）；〈■〉键停止。活动横梁的位移值可以近似表示试样的变形，但精确的变形测试要采用变形传感器（又称引伸计）。将引伸计固定在试样上，可以测量引伸计标距范围内的变形量，精确到 0.001 mm，控制面板的液晶显示屏上显示"变形"。所有操作和参数显示也可以在控制计算机上进行。试验机的立柱、上横梁和主机箱组成刚性框架结构，可以保证试验机足够的刚度。限位销用于活动横梁的移动限位，当活动横梁碰触限位销时将自动停机。限位销使活动横梁在一定的范围内移动而不会在上下夹头之间发生碰撞事故，是实验过程中的保护措施。

2. 操作方法

1) 开机前的准备

检查实验室环境(如温度、湿度等)是否符合实验及试验机的要求。材料试验机是否完好，设备的各零部件是否紧固、齐全。根据实验项目要求，选择适当的夹具、配套连接器、载荷传感器及引伸计(如果使用)。检查全部电缆线、接插件的自身和连接有无异常(如破损、松脱等)，特别注意检查交流供电是否为 220 V(±10%)。计算机与主机的连接线、插头、插座是否正确。在进行实验前，设备应至少预热 15 min，保证传感器元件的稳定性。调整横梁限位装置，确保移动不会超过范围导致夹具或装置损坏。

2) 操作规程

接通电源，打开显示器、计算机、打印机电源开关。使计算机进入 Windows 操作系统，双击桌面上的 SmartTest 图标进入应用程序界面，计算机启动完毕。打开主机电源开关，根据手控盒上的提示，将试样在上夹头上夹紧。在计算机上选择横梁移动速度为 50 mm/min，调整好试样在下夹头中的位置，调整试验力零点(单击试验力旁的"0.0"按钮)，夹紧下夹头。如果需要，将引伸计在试样上通过橡皮条夹好，取下调整垫片。调整好试样变形显示的零点。选择合适的自动控制实验程序或手动操作，控制横梁动作。拉伸过程中，应注意观察曲线形状。如果是带引伸计做实验，则应该设置使用引伸计测量试样变形的最大值，在试样变形超过最大变形后，根据软件提示，立即取下引伸计，以防止引伸计损坏。实验完成后，试验机自动停机，然后进入数据分析界面进行实验数据处理。将处理结果打印或存盘。接着进行下一个实验。

3) 仪器设备状态恢复

实验完毕，依次关闭主机电源、控制软件、打印机、计算机。清理现场卫生，保持工作环境清洁，做好日常保养工作。

13.2.4 拉伸试样

由于试样的形状和尺寸对实验结果有一定影响，为便于互相比较，应按统一规定加工成标准试样。图 13-4 所示为横截面为圆形和矩形的标准试样。L_0 是测量试样伸长的长度，称为原始标距。按现行国家标准的规定，拉伸试样分为比例试样和非比例试样两种。比例试样的标距 L_0 与原始横截面 A_0 的关系规定为

$$L_0 = k\sqrt{A_0} \tag{13-5}$$

式中：系数 k 的值取为 5.65 时称为短试样，取为 11.3 时称为长试样。

对直径为 d_0 的圆截面短试样，$L_0 = 5.65\sqrt{A_0} = 5d_0$；对长试样，$L_0 = 11.3\sqrt{A_0} = 10d_0$。本实验室采用的是长试样。非比例试样的 L_0 和 A_0 不受上述关系的限制。试样的表面粗糙度应符合国标规定。在图 13-4 中，尺寸 l 称为试样的平行长度，圆形截面试样 l 不小于 $L_0 + d_0$；矩形截面试样 l 不小于 $L_0 + b_0/2$。为保证由平行长度到试样头部的缓和过渡，要有足够大的过渡圆弧半径 R。试样头部的形状和尺寸，与试验机的夹具结构有关，图 13-4 所示试样适用于楔形夹具。这时，试样头部长度不小于楔形夹具长度的 2/3。

(a)

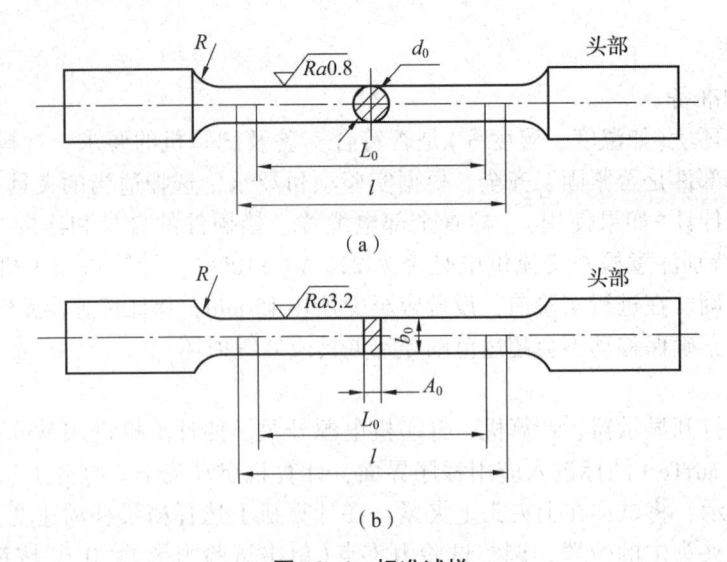

(b)

图 13-4　标准试样
(a) 圆形截面标准试样；(b) 矩形截面标准试样

13.2.5　拉伸温度

室温下的拉伸实验是测定材料力学性能的基本实验，通常情况下拉伸实验在室温下进行，可用以测定弹性常数 E 和 μ，比例极限 σ_p，屈服极限 σ_s（或规定非比例伸长应力），抗拉强度 σ_b，断后伸长率 δ 和断面收缩率 ψ 等。这些力学性能指标都是工程设计的重要依据。

13.3　实验设备及材料

(1) 万能材料试验机，如图 13-3 所示，型号为 WDW300。
(2) 游标卡尺。
(3) 钢直尺。
(4) 低碳钢(20 钢)、铸铁(HT100)。

13.4　实验内容及步骤

(1) 在实验前，必须仔细预习实验指导书，并做好准备。
(2) 实验分组：每组人数在 5~6 人为宜，试样做好标记，防止混淆。
(3) 测量试样直径在标距 L_0 的两端及中部 3 个位置上，沿两个相互垂直的方向，测量试样直径，以其平均值计算各横截面面积，再以 3 个横截面面积中的最小值为 A_0。
(4) 试验机准备根据试样尺寸和材料，估计最大载荷，选择相适应的示力度盘，需要自动绘图时，事先应将滚筒上的纸和笔装妥。先关闭送油阀和回油阀，再启动油泵电动机，待油泵工作正常后，开启送油阀将活动平台上升约 1 cm，以消除其自重。然后关闭送油阀，调零。

(5)安装试样。安装拉伸试样时，对 A 型试验机，可启动下夹头升降电动机以调整下夹头的位置，但不能用下夹头升降电动机给试样加载；对 B 型试验机，用横梁升降按钮调整拉压空间。

(6)缓慢开启送油阀，给试样平稳加载。应避免油阀开启过大，进油太快。实验进行中，注意不要触动摆杆和摆锤。

(7)实验完毕，关闭送油阀，停止油泵工作。破坏性实验先取下试样，再缓慢打开回油阀。

(8)保存实验数据，打扫实验场地。

13.5 注意事项

(1)实验过程中，除停止键和急停开关外，不要按控制盒上的其他按键，否则会影响实验。

(2)实验过程中，不能远离试验机。拉伸辅具的夹紧松开的方向已在手控盒上标明。

(3)在更换钳口时，注意把钳口上的圆销放入夹具后面的导向槽里，且前面的挡片不能压得太死，避免卡死钳口。更换完毕后，用手应能离动钳口。

(4)保持设备和计算机的清洁、卫生，实验后及时清除试块碎屑。对易锈件，如夹具、插销等涂上防锈油，夹具各运动部位涂润滑油。

(5)如果有静电，请务必将试验机外壳接地。

13.6 实验报告

(1)实验目的。
(2)实验设备和仪器。
(3)万能试验机的原理及操作方法。
(4)低碳钢和铸铁的拉伸性能测试方法、步骤和注意事项。
(5)根据实验结果汇总实验数据，填入表 13-1 中，并分析低碳钢和铸铁拉伸时力学性能的不同，以及拉伸断口特征的类型。

表 13-1　拉伸实验数据表

测定项目	实验结果		
	第一支	第二支	第三支
低碳钢直径/mm			
低碳钢屈服载荷/kN			
低碳钢最大载荷/kN			
低碳钢断后长度/mm			
低碳钢断后直径/mm			

续表

测定项目	实验结果		
	第一支	第二支	第三支
低碳钢屈服强度/σ_s			
低碳钢抗拉强度/σ_b			
低碳钢延伸率/%			
低碳钢断面收缩率/%			
铸铁直径/mm			
铸铁最大载荷/kN			
铸铁断后长度/mm			
铸铁断后直径/mm			
铸铁抗拉强度/σ_b			

（6）结合本次实验，说明自己的体会和对本次实验的意见。

13.7 思考题

（1）低碳钢和铸铁的拉伸力学性能有哪些不同？
（2）根据应力应变曲线图分析，低碳钢在拉伸时经历哪几个阶段？
（3）进行拉伸实验时，如何观察低碳钢的屈服阶段？

实验十四 低碳钢/铸铁压缩实验

压缩实验与拉伸实验都是材料的力学性能实验中最基本最重要的实验，是工程上广泛使用的测定材料力学性能的方法之一。为了更好地表征低塑性材料的塑性，可以采用压缩实验的方式来进行。本实验通过低碳钢和铸铁的压缩实验，来了解材料的压缩性能。

14.1 实验目的

(1) 了解万能材料试验机的结构及工作原理，熟悉其操作规程及正确使用方法。
(2) 通过实验，观察低碳钢和铸铁在压缩时的变形规律和破坏现象，并进行比较。
(3) 测定低碳钢的压缩屈服极限 σ_{sc}，铸铁的压缩强度极限 σ_{bc}。

14.2 实验基本原理

压缩实验在万能试验机上进行，当待测试样受到压缩时，其与万能试验机相接触的两侧断面会产生很大的摩擦力，在此摩擦力的作用下，试样的两端横向变形受阻，因此压缩后的试样表现为鼓形，摩擦力的存在会影响试样的测量结果和试样的破坏形式。为减少摩擦对实验结果带来的影响，保证压缩实验结果的精确性，要求试样两端要平行且加工时有表面粗糙度要求，并与试样轴向相垂直。

14.2.1 低碳钢压缩实验

低碳钢塑性较好，在进行压缩实验时也会发生屈服，但此时的屈服不像拉伸实验时会出现明显的屈服阶段。因此，压缩实验测量低碳钢的屈服极限 P_s 时要注意观察。随着万能试验机载荷缓慢加载，测力指针匀速转动，当低碳钢发生屈服时，测力指针转动将减慢，或者出现倒退现象，此时对应的载荷即为低碳钢发生屈服时的载荷 P_s。低碳钢发生屈服后仍要进行压缩变形，直到其发生明显的塑性变形后停止。这是因为低碳钢塑性较好，受压时变形较大而不破裂，垂直于压缩方向直径会变大，而压缩方向高度变小，试样会越来越扁。随着低碳钢横截面积的增大，其实际应力不随外载荷增加而增加，故不可能得到最大载荷 P_b，因此也得不到强度极限，所以在实验中是以变形来控制加载的。低碳钢压缩时的 F-ΔL 曲线如图 14-1(a) 所示。

低碳钢压缩时具有明显的屈服现象，测量的时仅测量下压缩屈服强度 R_{eLc}。计算公式如下：

$$R_{eLc} = \frac{F_{eLc}}{S_0} \tag{14-1}$$

式中：R_{eLc}——下压缩屈服强度，N/mm²(MPa)；

F_{eLc}——最低实际压缩力或屈服平台的恒定实际压缩力，N；

S_0——试样的原始横截面积，mm²。

低碳钢压缩时的弹性模量、比例极限和屈服强度与拉伸时基本相同，其抗剪强度小于抗拉强度。

14.2.2 灰铸铁压缩实验

铸铁的塑性较差，在压缩实验时，试样会发生断裂。低碳钢压缩时的 F-ΔL 曲线如图 14-1(b) 所示。当铸铁试样压缩时，在达到最大载荷 P_{bc} 前出现较明显的变形然后破裂，此时试验机测力指针迅速倒退，从动针读取最大载荷 P_{bc} 值，铸铁试样最后略呈鼓形，断裂面与试样轴线大约呈 45°，试样沿此截面断裂主要是因为受剪切应力所致。此时测量得到的 R_{mc} 值大致是拉伸时测得的 3~4 倍。

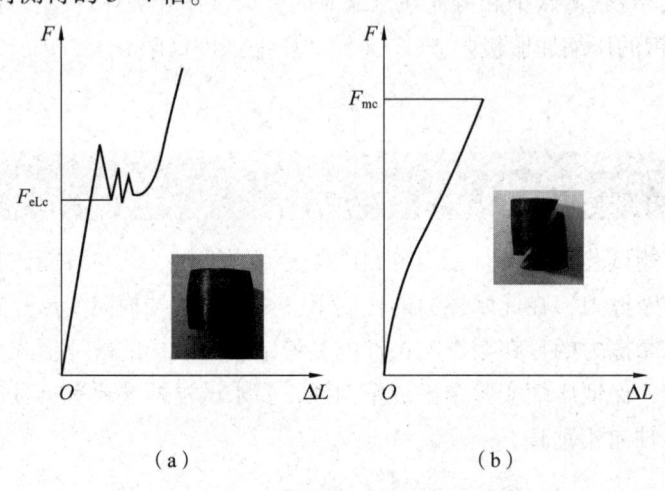

图 14-1 压缩实验时的 F-ΔL 曲线

(a)低碳钢(高塑性材料)压缩时的 F-ΔL 曲线；(b)铸铁(低塑性材料)压缩时的 F-ΔL 曲线

灰铸铁压缩时具有没有屈服现象，测量的时仅能测量抗压强度 R_{mc}。计算公式如下：

$$R_{mc} = \frac{F_{mc}}{S_0} \tag{14-2}$$

式中：R_{mc}——脆性材料的抗压强度，N/mm²(MPa)；

F_{mc}——试样压制破坏过程中的最大实际压缩力，N；

S_0——试样的原始横截面积，mm^2。

铸铁在压缩时应力和应变之间无明显的直线阶段和屈服阶段，但是会发生一定的塑性变形。铸铁的抗剪强度大于抗拉强度。

14.2.3 压缩试样

推荐的压缩试样分别如图 14-2、图 14-3 所示。图 14-2 和图 14-3 为侧向无约束试样。$L=(2.5~3.5)d$ 和 $L=(2.5~3.5)b$ 的试样适用于测定 R_{pc}、R_{tc}、R_{eHc}、R_{eLc}、R_{mc}；$L=(5~8)d$ 和 $L=(5~8)b$ 的试样适用于测定 $R_{pc0.01}$、E_c；$L=(1~2)d$ 和 $L=(1~2)b$ 的试样仅适用于测定 R_{mc}。试样原始标距两端分别距试样断面的距离不应小于试样直径(或宽度)的 1/2。

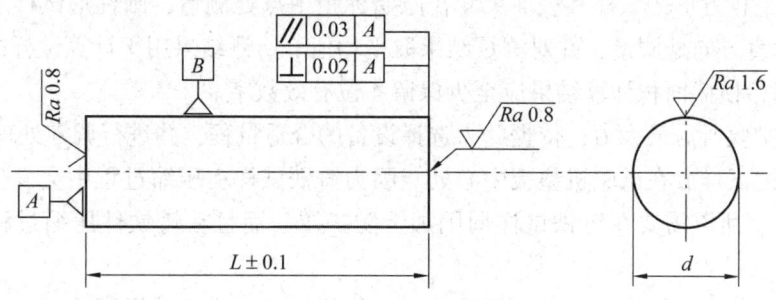

说明：
L——试样长度$[L=(2.5~3.5)d$ 或 $(5~8)d]$，单位 mm；
d——试样原始直径$[d=(2.5~3.5)\pm0.05]$，单位 mm。

图 14-2　圆柱体压缩试样

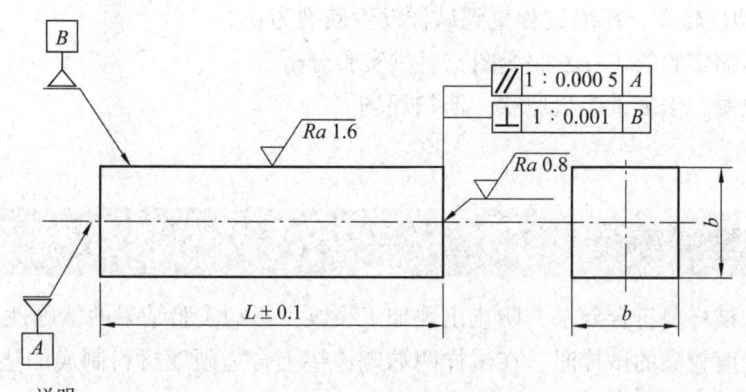

说明：
L——试样长度$[L=(2.5~3.5)b$ 或 $(5~8)b$ 或 $(1~2)b]$，单位 mm；
b——试样原始直径$[b=(10~20)\pm0.05]$，单位 mm。

图 14-3　正方体压缩试样

14.3 实验设备及材料

(1)万能材料试验机，如图 13-3 所示，型号为 WDW300。

(2) 游标卡尺。

(3) 钢直尺。

(4) 低碳钢（20 钢）、铸铁（HT100）。

14.4 实验内容及步骤

(1) 在实验前，必须仔细预习实验指导书，并做好准备。

(2) 实验分组：每组人数在 5~6 人为宜，试样做好标记，防止混淆。

(3) 截面是正方形的试样其截面尺寸在原始标距中点处测量，圆柱形试样应在其原始标距中点相互垂直方向处测量，并对测量结果取平均值。所测结果用于计算试样的原始横截面积。试样的原始横截面积计算结果应至少保留 4 位有效数字。

(4) 估算实验所需最大力，依据此力选择设备的合适量程，并进行调零处理。

(5) 将压缩试样放在试验机垫板中心处。因为铸铁试样在压缩过程中会发生断裂，容易飞出碎屑伤人，所以需要在铸铁试样周围加上防护罩，而且在铸铁件压缩过程中不要靠近观察。

(6) 启动试验机开始压缩，当试样接近另一块垫板时，应该减慢试验机的压缩速度，以免出现危险。

低碳钢塑性较好，压缩时会越来越扁，不会发生破裂，因此试样会先出现屈服现象然后被压成鼓形。低碳钢的压缩实验过程要求记录好屈服载荷，以供计算使用。

铸铁件的塑性较差，压缩过程直到试样发生破裂为止。

(7) 保存压缩实验的 $F-\Delta L$ 曲线图，以供实验分析。

(8) 关闭电源，恢复试验机原状，清扫现场。

14.5 注意事项

(1) 加工的试样要符合要求，防止出现加工裂纹，影响实验结果的精确性。

(2) 测试硬度较高的试样时，在试样两端应该垫上合适硬度材料制成的垫板，注意垫板表面光滑，互相平行。

(3) 块状试样压缩时，要使用约束装置，该装置能够保证压缩实验的顺利进行。

(4) 对脆性材料进行压缩实验时，一定要在保护罩内进行，以免试样压缩后的碎屑飞出伤人，保护罩的材料可采用有机玻璃等。

(5) 安装试样时，一定保证试样的轴向中心线与设备压头轴线重合。

(6) 试验机加载载荷时，要均匀缓慢，尤其是试样刚开始受到压缩力的时候，要控制好加载的速度，防止实验失败和损坏设备。

14.6 实验报告

(1) 实验目的。
(2) 实验设备和仪器和材料。
(3) 万能试验机的原理及操作方法。
(4) 低碳钢和铸铁的压缩性能测试方法、步骤和注意事项。
(5) 根据实验结果汇总实验数据,填入表 14-1 和表 14-2 中,计算低碳钢的下屈服极限 R_{eLc} 和铸铁的抗压强度极限 R_{mc},并分析低碳钢和铸铁压缩时产生不同结果的原因。

表 14-1 压缩实验数据表

材料	试样数据			高度 h_0/mm	面积 A_0/mm^2	屈服载荷 F_{eLc}/N	极限载荷 F_{mc}/N
	直径 d/mm						
低碳钢	方向1	方向2	平均值				
铸铁	方向1	方向2	平均值				

表 14-2 压缩力学性能表

材料	低碳钢		灰铸铁	
	实验前	实验后	实验前	实验后
试样简图				
实验数据	屈服极限(公式,结果):		强度极限(公式,结果):	
压缩曲线示意图				

(6) 结合本次实验,说明自己的体会和对本次实验的意见。

14.7　思考题

（1）为何低碳钢压缩时测不出破坏载荷，而铸铁测不出屈服载荷？
（2）根据铸铁试样的压缩破坏形式，分析其破坏原因。
（3）通过拉伸与压缩实验，比较低碳钢的屈服极限在拉伸和压缩时的差别。

实验十五 钢的冲击实验

通过钢的冲击实验能够得到钢的冲击性能,虽然钢的冲击性能指标本身没有明确物理概念,所得的性能数值既不能用于对钢性能做定量评价,也不能用于材料的设计计算,但冲击实验简单方便、容易操作、能够反映钢的动态性能,因此钢的冲击实验具有一定的指导意义。

15.1 实验目的

(1) 了解冲击实验的基本原理。
(2) 掌握冲击性能指标的测量方法。

15.2 实验基本原理

钢构件在实际工程应用中,不仅承受静载荷作用,有时还要在短时间内承受突然施加的载荷的作用,即受到冲击载荷的作用。材料受冲击载荷时的力学性能与受静载荷时显著不同。为了评定材料承受冲击载荷的能力,揭示材料在冲击载荷下的力学行为,需要进行冲击实验。

材料冲击实验是一种动态力学实验,它使用具有一定形状和尺寸的 V 形或 U 形缺口的试样,其工程尺寸如图 15-1 所示。

在试样上制作缺口的目的是使试样承受冲击载荷时在缺口附近造成应力集中,使塑性变形局限在缺口附近不大的体积范围内,并保证试样一次冲断且使断裂发生在缺口处。实验表明,缺口的形状、试样的绝对尺寸和材料的性质等因素都会影响断口附近参与塑性变形的体积。因此冲击实验必须在规定的标准下进行,同时缺口的加工也十分重要,应严格控制其形状、尺寸精度及表面粗糙度,试样缺口底部光滑,没有与缺口轴线平行的明显划痕。

试样在冲击载荷作用下折断,以测定其冲击吸收功 A_K 和冲击韧性值 α_K。冲击吸收功 A_K 值越大,表明材料的抗冲击性能越好。根据冲断试样所消耗的功或试样断口形貌特点,得到材料的冲击韧度和冲击吸收功。这些冲击性能指标对材料的韧脆程度及冶金质量、内部缺陷情况非常敏感，因此可用冲击实验来评定材料的韧脆程度并检查材料的冶金质量和热加工产品质量。

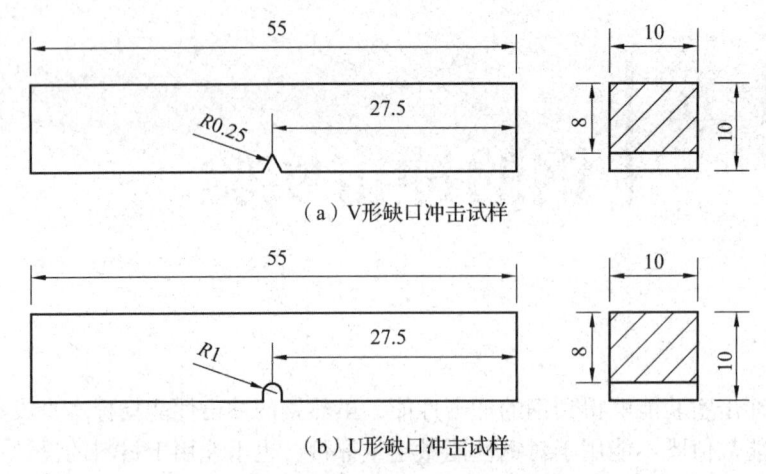

图 15-1 冲击试样工程尺寸
(a) V形缺口冲击试样；(b) U形缺口冲击试样

冲击实验这种简单的实验方法被广泛地应用于钢的质量检测、工业产品设计和机构力学性能设计中，尤其是最近几十年来，断裂学发展迅速，进一步表明了冲击韧性、冲击吸收功与断裂韧度之间的关系可用简单的冲击实验来检测。可用冲击实验的冲击韧性和冲击吸收功来测量钢动态断裂韧度，并且设计带有冲击示波装置和电子计算机的冲击试验机，用以显示和记录冲击变形过程中弹性变形、塑性变形裂纹萌生和裂纹扩展诸阶段的能量分配，对于测定断裂性能和研究断裂过程具有重要意义。

由于冲击过程是一个相当复杂的瞬态过程，精确测定和计算冲击过程中的冲击力和试样变形是困难的。为了避免研究冲击的复杂过程，研究冲击问题一般采用能量法。能量法只需考虑冲击过程的起始和终止两个状态的动能、位能（包括变形能），况且冲击摆锤与冲击试样两者的质量相差悬殊，冲断试样后所带走的动能可忽略不计，同时亦可忽略冲击过程中的热能变化和机械振动所耗损的能量。因此可依据能量守恒原理，认为冲断试样所吸收的冲击功，即为冲击摆锤实验前后所处位置的势能之差。由于冲击时试样材料变脆，材料的屈服强度和抗拉强度随冲击速度发生变化，因此工程上不用屈服强度和抗拉强度来表示实验材料的抗冲能力，而用冲击功 α_K 衡量。

冲击实验通常在摆锤式冲击试验机上进行，其原理如图 15-2 所示。实验时，将试样放在试验机机架的支座上，缺口位于冲击相背方向，并使缺口位于支座中间。然后将具有一定质量的摆锤举至一定的高度 H，使其获得一定势能 mgH。此时释放摆锤，摆锤绕着轴运动，向下冲断试样后，再上升一定高度 h，即摆锤的剩余能量为 mgh，则摆锤冲断试样损失的势能为 $mgH-mgh$。如果忽略空气阻力等各种能量损失，则冲断试样所消耗的能量即为试样的冲击吸收功：

$$A_K = mgH - mgh \tag{15-1}$$

A_K 的具体数值可直接从冲击试验机的表盘上读出，其单位为 J。将冲击吸收功 A_K 除以试样缺口底部的横截面积 S_N，即可得到试样的冲击韧性值 α_K 为：

$$\alpha_K = A_K/S_N \tag{15-2}$$

对于 V 形缺口和 U 形缺口试样的冲击吸收功分别用 A_{KV} 和 A_{KU} 表示，它们的冲击韧性值分别用 α_{KV} 和 α_{KU} 表示。

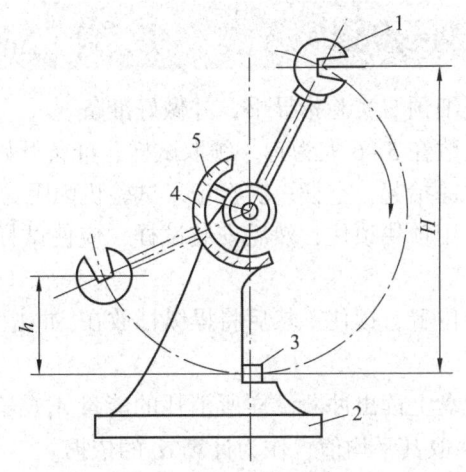

1—摆锤；2—机架；3—试样；4—表盘；5—指针。

图 15-2　冲击实验原理

α_K 作为材料的冲击抗力指标，不仅与材料的性质有关，还与试样的形状、尺寸、缺口形式等有关。因此 α_K 只是材料抗冲击断裂的一个参考性指标，只能在规定条件下进行相对比较，而不能代换到具体零件上进行定量计算。

15.3　实验设备及材料

(1) 摆锤式冲击试验机，如图 15-3 所示。

图 15-3　摆锤式冲击试验机

(2) V 形缺口的 20 钢(正火态)、45 钢(正火态)、T8 钢(淬火态)和 T10 钢(淬火态)。

15.4 实验内容及步骤

(1)在实验前,必须仔细预习实验指导书,并做好准备。
(2)实验分组:每组人数在 5~6 人为宜。领取试样,准备开始实验。
(3)安装试样前,将摆锤抬起,空摆一次,记录试验机因阻力所消耗的能量。
(4)将摆锤稍微抬起,用顶块顶住,然后安装试样,应使试样紧贴支座,并使其缺口对称面位于两支座对称面上。
(5)将摆锤抬起到需要位置,锁住;然后将操纵杆放在"冲击"位置,摆锤自由下落,将试样冲断。
(6)摆锤停摆后从刻度盘上读出冲断试样所消耗的能量 A_K(需减去因阻力消耗的能量)。每种材料需实验 3 次以上,取其平均值,作为计算 α_K 的依据。

15.5 注意事项

(1)冲击试样尺寸和表面质量要符合国标规定,否则会影响实验结果。
(2)本实验要特别注意安全。先安装冲击试样,然后升起摆锤,严禁先升起摆锤,而后放置冲击试样。
(3)冲击实验开始时,严禁站立于摆锤运动的方向上,以免冲击试样在受冲击时飞出伤人。
(4)放开摆锤时,一定确认在摆锤运动方向没人才能开始实验,以免发生危险。

15.6 实验报告

(1)实验目的。
(2)实验设备和仪器。
(3)实验原理。
(4)摆锤式冲击实验的实验步骤。
(5)将实验测得的数据填写入表 15-1 中,根据冲击实验测得的实验数据,分析含碳量对冲击韧性的影响,并比较宏观断口的形貌特征。

表 15-1 冲击实验记录表

材料	缺口类型	冲击功 A_K/J 第一次	第二次	第三次	平均值	冲击韧度 α_K /(J·cm^{-2})	断口特征
20 钢							
45 钢							

续表

材料	缺口类型	冲击功 A_K/J				冲击韧度 α_K /(J·cm^{-2})	断口特征
		第一次	第二次	第三次	平均值		
T8 钢							
T10 钢							

(6)说明冲击实验的实际意义。

(7)说明冲击韧性值 α_K 为什么不能用于定量换算，而只能用于比较。

(8)结合本次实验，说明自己的体会和对本次实验的意见。

15.7　思考题

(1)影响冲击功数值准确性的因素有哪些？

(2)冲击实验时，试样开缺口的目的是什么？

(3)V 形缺口和 U 形缺口试样对实验的影响有哪些？

实验十六 宏观断口分析

断裂是工程材料的主要失效形式之一，工程材料的断裂除了会造成重大的经济损失，还会造成人员伤亡。本实验通过对材料宏观断口进行分析，找出断裂的原因和影响因素，提高学生对断裂的认识，增强安全意识。

16.1 实验目的

(1) 了解扫描电子显微镜的特点。
(2) 掌握宏观断口形貌分类及辨别方法。

16.2 实验基本原理

材料断裂后，断裂部分的外观形貌称为断口。断裂是金属在不同情况下局部断裂发展到临界裂纹尺寸，剩余截面不能承受外载作用时发生的完全断裂现象。由于材料断裂时裂纹扩展方向遵守最小阻力路线，因此断口一般是材料性能最弱或应力最大的部位，通过对断口形貌的分析，能够了解从裂纹萌生、扩展，到材料完全断裂的过程，对于提高材料性能、避免材料出现断裂具有重要作用。

16.2.1 宏观断口的分类

1. 按断裂性质分类

(1) 韧性断裂：一般是指材料发生断裂时，本身发生较大的塑性变形而形成的断裂。其断口称为韧性断口，通常包括两种类型：纤维状断口和剪切断口。

纤维状断口的表面具有凹凸不平的形貌特征，呈现暗灰色的纤维状，立体感较强；它是在平面应变条件下发生的，表面与最大拉应力方向垂直。例如，光滑圆棒试样拉伸所形成的杯锥状断口，其杯底与锥顶的中心区均属于纤维状断口，如图16-1(a)所示。

剪切断口的表面较光滑或呈现鹅毛状，与最大拉应力方向成45°，它是在平面应力条件下产生的。图16-1(b)中周围部分均为典型的剪切断口，有时也称为剪切唇。

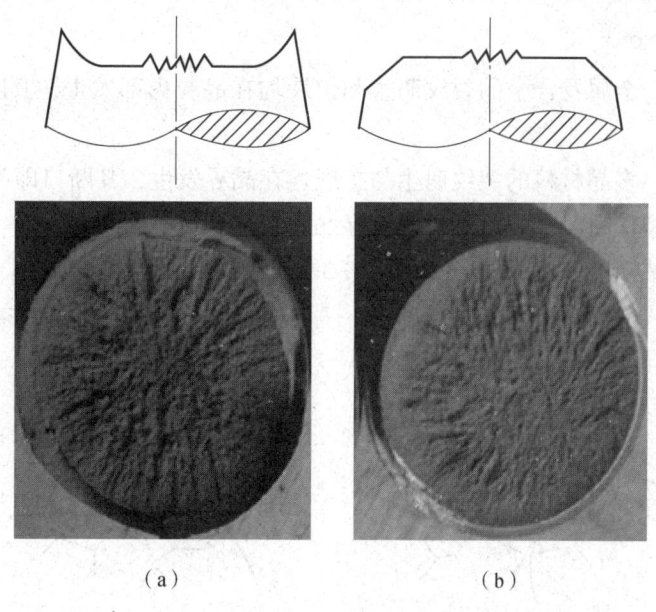

图16-1 韧性断口
(a)纤维状断口；(b)剪切断口

(2)脆性断裂：一般是指材料不发生或发生很小的塑性变形时产生的断裂。其宏观断口称为脆性断口，表面较为平整。通常认为塑性变形量小于2%的断裂为脆性断裂。脆性断口如图16-2所示。脆性断裂一般发生得较为突然，因此具有很大的危害性。

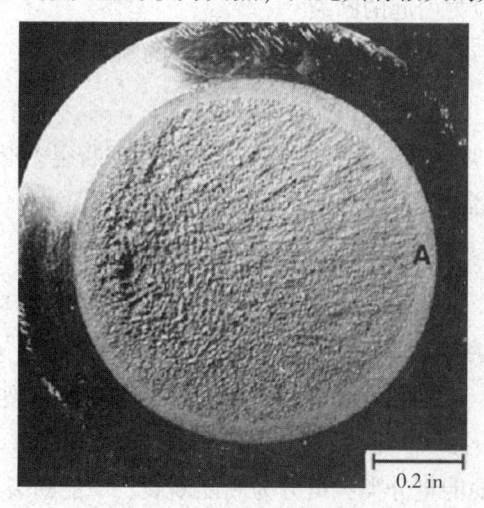

图16-2 脆性断口

(3)韧性-脆性断裂：又称为准脆性断裂，其本质是韧性断裂与脆性断裂的混合。一般情况下，是以韧性断裂为起始，继之以脆性断裂为主的裂纹扩展方式。例如，金属材料的光滑圆棒型拉伸试样的颈缩，其变形量为断口的5%~10%(体积分数)，基本属于这种类型。

在电子显微镜下，可观察到具有解理断裂与韧窝断裂两种机制控制下所形成的断口形貌特征。

2. 按断裂路径分类

(1) 穿晶断裂：金属及合金的裂纹萌生和扩展均在晶粒内部发生，其断口即为穿晶断裂断口。

(2) 沿晶断裂：多晶材料的裂纹萌生与扩展均在晶界发生，其断口即为沿晶断裂断口。

(3) 混合型断裂：材料断裂时断口既有穿晶断裂又有沿晶断裂。

穿晶断裂和沿晶断裂断口示意图如图 16-3 所示。

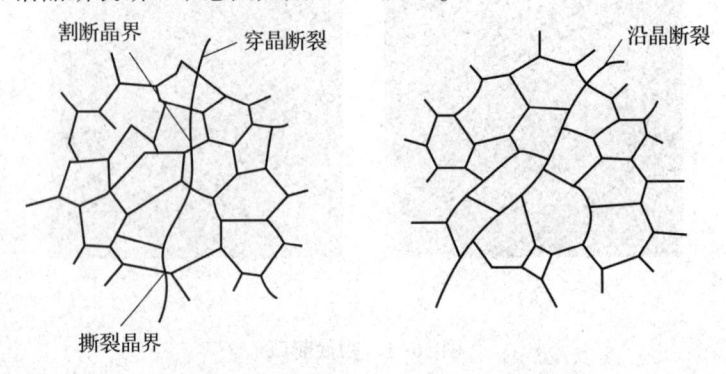

图 16-3 穿晶断裂和沿晶断裂断口示意图

3. 按断裂方式分类

(1) 正断断裂：由正应力引起的断裂。

(2) 切断断裂：由切应力引起的断裂。

(3) 混合断裂：由正断断裂和切断断裂混合而成的断裂。

4. 按断裂机理分类

金属材料按照断裂机理分类可分为解理断裂、准解理断裂、滑移分离、疲劳断裂、环境介质断裂、蠕变断裂及沿晶断裂等。

5. 其他形式分类

(1) 按应力状态分类：可分为静载断裂(如拉伸断裂、剪切断裂、扭转断裂)和动载断裂(如冲击断裂、疲劳断裂)等。

(2) 按断裂环境分类：可分为低温断裂、室温断裂、高温断裂、应力腐蚀开裂及氢脆断裂等。

(3) 按断裂时所需要的能量分类：可分为高能断裂、中能断裂与低能断裂 3 种。

(4) 按裂纹扩展速度分类：可分为快速断裂、缓慢断裂及延迟断裂 3 种。例如，拉伸断裂、冲击断裂等为快速断裂；疲劳断裂为缓慢断裂。

16.2.2 宏观断口的形貌特征

1. 韧性断口

1）纤维状形貌特征

纤维状形貌是韧性断口最突出的标记，纤维区在光滑圆型拉伸试样断口的中央部位。一般情况下，纤维区呈现凹凸不平及灰暗色的宏观外貌。

纤维状形貌特征不仅在拉伸断口中出现，也会在冲击断口中出现。通常，冲击断口在缺口处呈半圆形区域；塑件较好的材料，往往在冲击断口中可能出现两个纤维区。

2）剪切唇形貌特征

剪切唇为倾斜断裂面。一般情况下，剪切唇与拉伸轴成45°角，剪切唇形貌较光滑，与鹅毛状近似。往往在断口的边缘出现，是构件断裂最后分离的部位。

2. 解理断口

解理断裂指晶体材料因受拉应力作用沿着某些严格的结晶学平面发生分离的过程，其断口称为解理断口。结晶学平面称为解理面，有时解理面兼作滑移面或孪晶面。解理断裂通常是在没有觉察到的塑性变形的情况下发生的，属于脆性断裂，其断口为脆性断口。

解理断口的两个最突出的宏观特征是小刻面和放射状（或人字形）条纹，如图16-4所示。

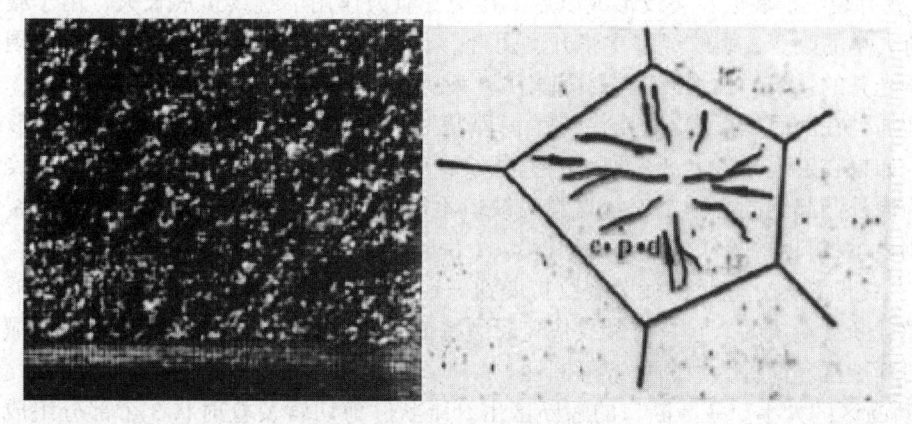

图 16-4 小刻面和放射状条纹

3. 疲劳断口

疲劳断口由平滑的疲劳断裂区和凸凹不平的最终断裂区组成。疲劳断裂区的晶粒比较细小，有时呈现一种发亮的研磨面。最终断裂区（也称为瞬断区）在韧性金属中为纤维状，而在脆性金属中则为粗糙的结晶状。疲劳断裂区是疲劳裂纹渐进式扩展，即裂纹缓慢扩展形成的；而最终断裂区则是裂纹快速扩展，在一个或几个载荷循环内使构件完全断裂而形成的。疲劳断口的这两个区域可以从宏观上明显地看出，如图16-5所示。

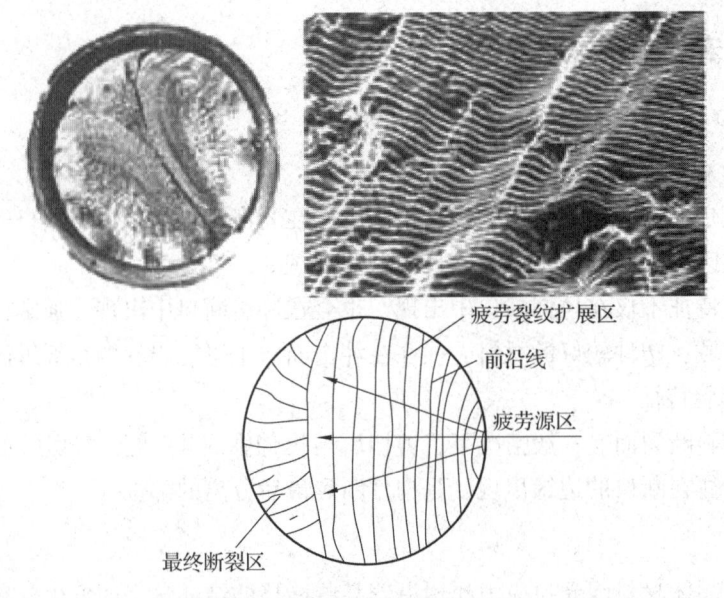

图 16-5　疲劳断口形貌和示意图

（1）疲劳源区：该区域是疲劳裂纹的萌生地，由于材料内部的缺陷（夹杂物、空洞等）、加工缺陷（刀痕、锻造裂纹、焊接裂纹、热处理裂纹等）或结构设计不合理（键槽、轴肩圆角）等原因，可能会造成该区域应力集中，形成裂纹源头。该区域可能有一个，也可能有多个。

（2）疲劳裂纹扩展区：裂纹形成以后，在交变应力作用下继续扩展长大，由于载荷的间断或载荷大小的改变，裂纹经多次张开、闭合，以及裂纹表面的相互摩擦，会在扩展区域留下一条条光亮的弧线，称为疲劳裂纹前沿线（疲劳线）。这些弧线开始时比较密集，以后间距逐渐增加，在断面处形成"贝壳状"或"海滩状"条纹状花样，该区域因此被称为疲劳裂纹扩展区。如果在宏观断口上观察到"年轮"条纹，就可判为疲劳断口。若"年轮"条纹绕着裂纹源成为向外凸起的同心圆，表示材料对缺口不敏感（如低碳钢）。相反，若围绕裂纹成凹杯状，则表示材料对缺口敏感（如高碳钢）。

（3）最终断裂区：它是由疲劳裂纹扩展到一定程度，使截面缩小，材料强度不够所引起的瞬时超载断裂造成的。它具有裂纹快速断裂特征，断口形貌凸凹程度较大。此区域有时也称为瞬时断裂区，简称为瞬断区或静断区。

① 瞬断区的大小。疲劳断口的瞬断区由纤维状、剪切唇及放射状 3 个部分组成。瞬断区的大小取决于载荷的大小、材料的优劣及环境介质等因素。在通常情况下，瞬断区面积较大时，表示所受载荷较大或材料较脆；相反，瞬断区面积较小时，表示载荷较小或材料韧性较好。

② 瞬断区的位置。瞬断区越处于断面中心部位，表示所受外力越大；越处于自由表面，表示构件所受外力较小。此外，还与应力状态有关。

③ 瞬断区的形貌特征。疲劳裂纹的瞬断区处于疲劳裂纹的失稳断裂阶段。因此，瞬断区的形貌特征在通常情况下，具有断口三要素的全部形貌特征。

4. 环境介质断裂断口

环境介质断裂主要是指金属材料在应力和腐蚀介质、温度、环境等联合作用下，产生沿晶或穿晶脆性断裂现象。经常接触到的环境断裂有腐蚀疲劳、应力腐蚀、氢脆断裂等；不同类型的环境断裂有各自的断口特征。

1) 腐蚀疲劳断口

(1) 腐蚀疲劳的裂纹源多为材料表面上的腐蚀坑或表面缺陷处。在裂纹源附近可能存在着几个腐蚀坑，即腐蚀疲劳均为多源疲劳。

(2) 腐蚀疲劳断口的二次裂纹较多，且在腐蚀坑的底部能看到较集中的二次裂纹分布情况。

(3) 腐蚀疲劳断口有延晶断裂，也有穿晶断裂或混合断裂的形貌。

(4) 由于受介质的影响，腐蚀疲劳断口的条纹会腐蚀溶解，因此断口的条纹呈模糊状。

2) 应力腐蚀断口

应力腐蚀断裂是在一定的腐蚀环境和一定的拉应力作用下，引起的早期脆性断裂，其断口称为应力腐蚀断口。应力腐蚀裂纹源常常位于金属材料的表面，由于化学作用往往在裂纹源处形成腐蚀坑。

3) 氢脆断裂断口

材料中由含氢较高引起的断裂称为氢脆断裂。氢脆断裂断口可能是穿晶的，也可能是沿晶的。氢脆断裂本身不是一种独立的断裂机制，氢的存在往往有助于某种机制的断裂，如氢引起的解理断裂或沿晶断裂等。

16.2.3 裂纹源位置及裂纹扩展方向

1. 裂纹源位置的判别

裂纹萌生的位置通常称为裂纹源。一般来说，由于使用的检验方法的不同，裂纹源大小的含义也不相同。机械零部件断裂时，裂纹源往往在表面或应力集中处萌生，如尖角、油孔等。各种不同情况下的裂纹源可判断如下：

(1) 放射状条纹或人字条纹的收敛处为裂纹源；

(2) 纤维区中心处为裂纹源；

(3) 裂纹源处无剪切唇形貌特征；

(4) 裂纹源位于断口的平坦区域；

(5) 疲劳前沿线或年轮条纹线曲率半径最小处为裂纹源；

(6) 环境断裂的机械零部件的裂纹源位于腐蚀或氧化最严重的表面处。

2. 裂纹扩展方向的判别

在断裂分析中，当裂纹源位置确定后，裂纹扩展方向亦可随之确定，即指向裂纹源的相反方向。不同情况下的裂纹扩展方向如下：

(1) 由纤维区到剪切唇区的方向为裂纹扩展方向；

(2) 放射状条纹的发散方向为裂纹扩展方向；

(3) 与疲劳前沿线或年轮条纹线相垂直的方向为裂纹扩展方向；

(4) 在疲劳断口中，疲劳宏观台阶方向为裂纹的扩展方向；

(5) 在环境断裂分析中，腐蚀或氧化严重区域指向未腐蚀或未氧化区域的方向为裂纹扩展方向。

16.3 实验设备及材料

(1) KYKY-EM6200 型钨灯丝扫描电子显微镜，如图 16-6 所示。

图 16-6　KYKY-EM6200 型钨灯丝扫描电子显微镜

(2) 超声波清洗机，如图 16-7 所示。

图 16-7　超声波清洗机

(3) 老虎钳。
(4) 手锯。
(5) 粗砂纸。
(6) 拉伸后的试样 20 钢（正火态）、45 钢（正火态）；冲击后的 T8 钢（淬火态）和 T10 钢（淬火态）。
(7) 吹风机。
(8) 无水酒精、丙酮。
(9) 烧杯。

16.4 实验内容及步骤

(1) 在实验前，必须仔细预习实验指导书，并做好准备。

(2) 实验开始前,注意了解本实验所用扫描电子显微镜的结构及特点。

(3) 实验分组:每组人数在 5~6 人为宜。领取试样,用老虎钳夹住试样后,用手锯截取长度为 10 mm 左右的试样,手锯切口端部要用砂纸进行粗磨,保证此端面平整,以利于试样与扫描电子显微镜试样室的工作台面紧密结合。截取下来的试样要做好标记。

(4) 截取的试样要用吹风机吹掉表面的污物,然后放入盛有无水酒精或丙酮溶液的烧杯中,再放入超声波清洗机中进行清洗。带有油污的断口使用汽油清洗,再用丙酮、二氯甲烷等有机溶液浸泡。处理后的试样取出,用吹风机吹干。

(5) 把试样放入扫描电子显微镜试样室,固定好,用 40× 进行观察,拍照。

16.5 注意事项

(1) 用老虎钳夹试样时一定要夹紧,用手锯锯切试样时要注意安全。

(2) 在截取试样过程中,不要损伤断口,并保持断口的清洁、干燥,防止污染,以免影响观测结果。

(3) 截取试样的锯口面尽可能与断口面平行,以利于扫描电子显微镜观察。

16.6 实验报告

(1) 实验目的。
(2) 实验设备和材料。
(3) 实验原理。
(4) 实验步骤。
(5) 根据拍摄图片,详细分析实验数据,填入表 16-1 中,并分析相同热处理条件下,含碳量及热处理状态对宏观断口形貌的影响。

表 16-1 宏观断口形貌特征

材料	特征		承载类型	断口简图
20 钢	纤维区	粗糙度		
		色泽		
		断裂类型		
	放射区	粗糙度		
		色泽		
		断裂类型		
	剪切唇区	粗糙度		
		色泽		
		断裂类型		

续表

材料	特征			承载类型	断口简图
45 钢	纤维区	粗糙度			
		色泽			
		断裂类型			
	放射区	粗糙度			
		色泽			
		断裂类型			
	剪切唇区	粗糙度			
		色泽			
		断裂类型			
T8 钢	纤维区	粗糙度			
		色泽			
		断裂类型			
	放射区	粗糙度			
		色泽			
		断裂类型			
	剪切唇区	粗糙度			
		色泽			
		断裂类型			
T10 钢	纤维区	粗糙度			
		色泽			
		断裂类型			
	放射区	粗糙度			
		色泽			
		断裂类型			
	剪切唇区	粗糙度			
		色泽			
		断裂类型			

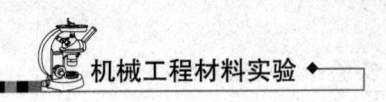

注：粗糙度填写"粗糙、较粗糙、较为平整"；色泽填写"暗、较暗、较亮"；断裂类型填写"韧性断裂、脆性断裂、混合断裂"；承载类型填写"拉伸、冲击"。断口简图中要明确指示出"纤维区、放射区和剪切唇区"。

(6)结合本次实验，说明自己的体会和对本次实验的意见。

16.7 思考题

(1) 韧性断口与脆性断口宏观形貌上有哪些特点？
(2) 扫描电子显微镜在观察断口形貌上的优势有哪些？
(3) 试分析宏观断口的形成过程。

实验十七 显微断口分析

断裂是工程材料的主要失效形式之一，分析时，除了要观察断口的宏观形貌，还要观察断口的微观形貌。通过对断裂材料的显微断口分析，可以提高人们对材料断裂的认识，进而研究增强材料抵抗断裂能力的方法，减少和防止断裂事故的出现。

17.1 实验目的

(1) 了解扫描电子显微镜的特点。
(2) 掌握微观断口形貌的分类。

17.2 实验基本原理

1. 显微断口分析方法

任何断裂过程都是由断口处裂纹的形成和裂纹的扩展两个阶段组成，断口上的各种断裂信息是断裂力学、断裂化学和断裂物理等诸多内外因素综合作用的结果，对断口进行定性和定量分析，可为断裂失效模式的确定提供有力依据，为断裂失效原因的诊断提供线索。同时对于断裂的研究，还集中在裂纹的形成机理及其影响因素，目的是通过对断裂过程的分析，制定合理的预防措施，进而控制裂纹的形成。实践证明，没有断口、裂纹及损伤缺陷分析的正确诊断结果，是无法提出失效分析的准确结论的。

近代电子显微技术的不断进步，促进了断口分析技术设备的更新，形成了显微断口分析技术。在显微断口分析技术中，最常用的两种设备就是透射电子显微镜和扫描电子显微镜。在使用透射电子显微镜观察断口时，必须要求使用断口的复型技术，然后才能够在透射电子显微镜上观察，因为透射电子显微镜本身不能直接观察断口。在应用透射电子显微镜观察复型时，还受到复型技术的限制，导致透射电子显微镜的使用鉴别率降低，通常使用的倍率仅为 2 000~3 000 倍。同时，使用透射电子显微镜观察复型时，观测的部位很难与实际断口的部位对应起来，给后续的数据分析带来困难。因此，在断口分析时，通常采用的设备是扫描电子显微镜。

与光学显微镜及透射电子显微镜相比，扫描电子显微镜具有以下特点。

(1) 能够直接观察样品表面的结构，样品的尺寸可大至 120 mm×80 mm×50 mm，扩大了样品的观察范围。

(2) 样品制备过程简单，不用切成薄片，降低了试样制备的难度。

(3) 样品可以在样品室中作三维空间的平移和旋转，因此可以从各种角度对样品进行观察，有利于分析断口局部区域形成断裂的原因。

(4) 景深大，图像富有立体感。扫描电子显微镜的景深较光学显微镜大几百倍，比透射电子显微镜大几十倍，用它可直接观察各种试样凹凸不平表面的细微结构。

(5) 图像的放大范围广，鉴别率也比较高。可放大十几倍到几十万倍，它基本上包括了从放大镜、光学显微镜直到透射电子显微镜的放大范围。其鉴别率介于光学显微镜与透射电子显微镜之间，可达 3 nm。

(6) 电子束对样品的损伤与污染程度较小。

(7) 在观察形貌的同时，还可利用从样品发出的其他信号进行微区成分分析。

由于扫描电子显微镜具有其他断口分析仪器无法比拟的优点，因此被广泛地应用于断口形貌的观察和分析。

2. 微观断口形貌分类

按断口表面微观形貌分类，断口分为解理断口、准解理断口、韧窝断口、疲劳断口、沿晶断口等。

断口上常见的微观特征有韧窝特征、滑移特征、解理特征、准解理特征、沿晶断裂特征和疲劳断裂特征等。一般情况下的断口为混合形貌断口。例如，同时存在解理、疲劳和韧窝，或疲劳和韧窝共存，韧窝和准解理共存等。断口的不同区域显示不同类型的微观形貌。

1) 韧窝断口形貌

韧窝断口的微观形貌特征是一些大小不等的圆形或椭圆形的凹坑（韧窝），在韧窝内经常可以看到夹杂物或第二相粒子。然而并非每个韧窝都包含一个夹杂物或粒子，因为夹杂物或粒子分布在两个匹配断口上。此外，夹杂物在断裂、运输或超声清洗时也可能脱落。

韧窝的形状有等轴韧窝、剪切韧窝和撕裂韧窝 3 种，其形状取决于应力状态。

(1) 等轴韧窝是在拉伸正应力的作用下形成的。应力在整个断口表面上是均匀的，显微空洞沿空间三个方向均匀长大，形成等轴韧窝，如图 17-1(a) 所示。

(2) 剪切韧窝呈抛物线形。在剪切应力作用下显微空洞沿剪切方向上被拉长，剪切韧窝在两个相匹配的断面上方向相反，如图 17-1(b) 所示。

(3) 撕裂韧窝也是被拉长了的韧窝，呈抛物线状，是在撕裂应力作用下形成的。撕裂时材料受力的作用，显微空洞各部分受应力不同，沿着受力较大的方向韧窝被拉长。常见于尖端裂纹的尖端及平面应变条件下做低能撕裂的断口，如图 17-1(c) 所示。

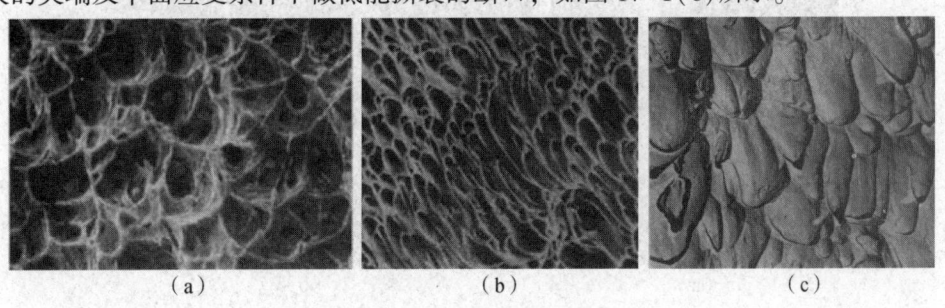

图 17-1 韧窝断口形貌

(a) 等轴韧窝；(b) 剪切韧窝；(c) 撕裂韧窝

韧窝的尺寸包括它的平均直径和深度。影响韧窝尺寸的主要因素为第二相质点的尺寸、形状、分布，材料本身的相对塑性、变形硬化指数、外加应力、温度等。在金属的韧窝断口中，最常见的是尺寸大小各不相等的韧窝，如大韧窝周围密集着小韧窝的情况。韧窝大小、深浅及数量取决于材料断裂时夹杂物或第二相粒子的大小、间距、数量及材料的塑性和实验温度。如果夹杂物或第二相粒子多，材料的塑性较差，则断口上形成的韧窝尺寸较小、较浅；反之，则韧窝较大、较深。如果成核的密度大、间距小，则韧窝的尺寸小。在材料的塑性及其他实验条件相同的情况下，第二相粒子大，则韧窝大；第二相粒子小，则韧窝小。韧窝的深度主要受材料塑性变形能力的影响。材料的塑性变形能力大，韧窝深度大，反之则韧窝深度小。

影响韧窝尺寸的因素如下：变形硬化指数、应变速率和温度、应变大小和应力状态。通常，变形硬化指数越大的材料难以发生内颈缩，将产生更多的显微空洞或通过剪切断裂而连接，因此导致韧窝变小、变浅。受材料本身微观结构和相对塑性的影响，韧窝表现出完全不同的形态和大小。应变速率和温度通过对材料塑性和变形硬化指数发生作用而影响韧窝的尺寸；随着温度的增加，韧窝深度增加；对于某些合金，随着应变速率的增加，韧窝的直径增加。应力大小和应力状态也通过对材料塑性变形能力的影响间接地影响着韧窝的深度。例如，在高的静水压作用下，有利于内静缩的产生，显微空洞间基体的剪切断裂减少，这时韧窝的直径变化不大，但是韧窝的深度有较大的增加；而在多向拉伸应力作用下，显微空洞间的基体易于产生剪切断裂，同样韧窝的直径变化不大，而韧窝的深度却减小。

2) 解理断口形貌

在实际使用的金属材料中晶阵取向是无序的，解理裂纹沿不同取向解理面扩展过程中裂纹会相交成具有不同特征的花样。其中，最突出最常见的特征是河流花样、解理台阶、舌状花样、扇形花样、鱼骨状花样。

解理裂纹沿晶粒内许多个互相平行的解理面扩展时，相互平行的裂纹通过二次解理；与螺位错相交；撕裂或通过基体和孪晶的界面发生开裂而相互连接，由此产生的花样类似河流，称为河流花样，如图17-2(a)所示。解理裂纹扩展中为减少能量的消耗，河流花样会趋于小河流汇成大河流。根据河流的流向可以判断裂纹扩展方向，并可由此找出裂纹源。河流花样起源于有晶面存在的地方，包括晶界、亚晶界、孪晶界，夹杂物或析出相和晶粒内部。

解理裂纹与螺位错相交形成台阶。解理裂纹与螺位错相交产生一个布氏矢量大小的台阶。裂纹扩展过程中如与多个同号螺位错相交，矢量不断叠加，达到一定程度便产生一个能够观察到的台阶，如图17-2(b)所示。解理裂纹之间产生较大的塑性变形，通过撕裂方式连接形成台阶。

(a)   (b)

图17-2 解理断口形貌

(a)河流花样；(b)解理台阶

舌状花样是在解理面上出现舌头状的断裂特征。并不是在所有材料的解理断裂中都能看到舌状花样。体心立方晶体在低温和快速加载时及密排立方金属材料中由于孪生是主要形变形式，断口上经常可见到舌状花样，如图17-3所示。

图 17-3 舌状花样

当解理裂纹起源于晶界附近的晶内时，河流花样以扇形的方式向外扩展，会形成扇形花样，如图17-4(a)所示。根据扇形花样可以判断裂纹源及裂纹局部扩展方向。在体心立方金属材料(如碳钢、不锈钢)中有时看到鱼骨状花样，如图17-4(b)所示。中间脊线是{100}[100]解理造成的，两侧是{100}[100]和{112}[110]解理所形成的花样。

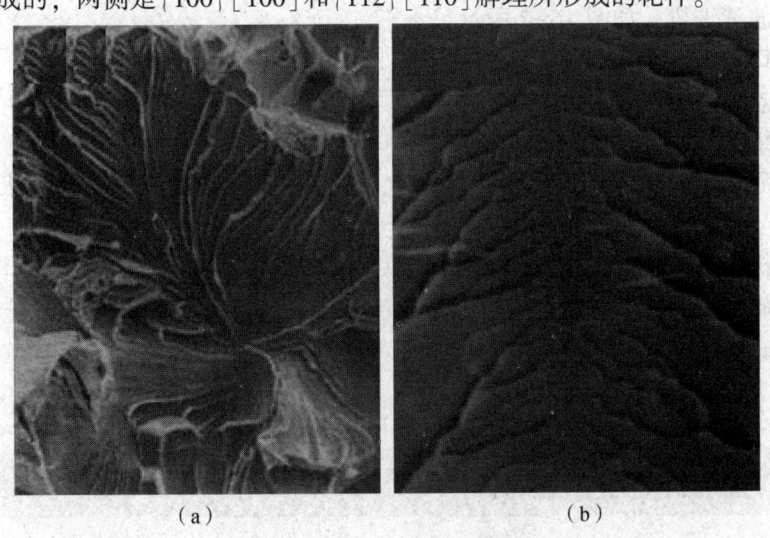

(a) (b)

图 17-4 晶内解理断口形貌
(a)扇形花样；(b)鱼骨状花样

3) 准解理断口形貌

由于准解理断裂是介于解理断裂与韧窝断裂之间的一种断裂方式，因此准解理断口形貌特征既不同于解理断口，也有别于韧窝断口，如图17-5所示。

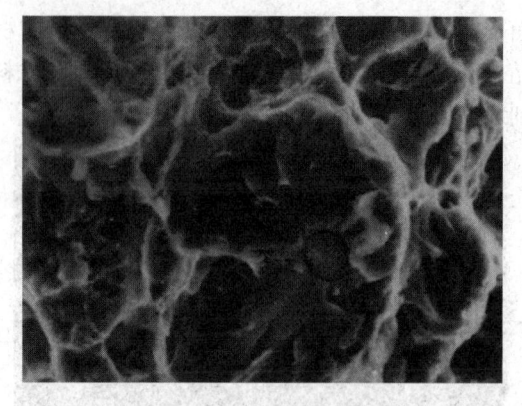

图17-5　准解理断口形貌

准解理断口形貌的特征如下：大量高密度的短而弯曲的撕裂棱线条、点状裂纹源由准解理断面中部向周围放射的河流花样、准解理小断面与解理面不存在确定的对应关系、二次裂纹等。其形成机理如下：首先在不同部位产生许多解理小裂纹，然后解理裂纹不断地长大，最后以塑性方式撕裂残余连接部分。最初和随后长大的解理小裂纹即为小平面，最后的塑性方式撕裂则表现为撕裂棱(或韧窝、韧窝带)。

17.3　实验设备及材料

(1) KYKY-EM6200型钨灯丝扫描电子显微镜，如图16-6所示。
(2) 超声波清洗机，如图16-7所示。
(3) 老虎钳。
(4) 手锯。
(5) 粗砂纸。
(6) 拉伸后的试样20钢(正火态)、45钢(正火态)；冲击后的T8钢(淬火态)和T10钢(淬火态)。
(7) 吹风机。
(8) 无水酒精、丙酮。
(9) 烧杯。

17.4　实验内容及步骤

实验内容及步骤参考实验十六中16.4中的内容。

17.5　注意事项

注意事项参考实验十六中16.5中的内容。

17.6 实验报告

(1) 实验目的。
(2) 实验设备和材料。
(3) 实验原理。
(4) 实验步骤。
(5) 根据拍摄图片，详细分析实验数据，填入表 17-1 中，并分析相同热处理条件下，含碳量及热处理状态对微观断口形貌的影响。

表 17-1 微观断口形貌特征

试样	断裂方式	断口形貌			韧窝直径及深度/μm	韧窝的类型	解理断裂特征
		解理	准解理	韧窝			
20 钢	拉伸						
45 钢	拉伸						
T8 钢	冲击						
T10 钢	冲击						

注：在断口形貌对应栏中画"√"。如果断口显示韧窝，则填写韧窝尺寸及类型；如果断口显示解理，则填写解理断裂特征。

(6) 结合试样断口形貌扫描电子显微镜图，说明影响韧窝尺寸的因素有哪些。
(7) 结合本次实验，说明自己的体会和对本次实验的意见。

17.7 思考题

(1) 观察微观断口形貌取样时需要注意哪些问题？
(2) 结合微观断口形貌分析，含碳量对其形貌的影响有哪些？

实验十八 疲劳实验

在工程结构应用中,很多材料都是在变动载荷下工作,如机械中的曲轴、连杆等,经过检查发现,其主要的失效形式为疲劳断裂。据统计发现,疲劳断裂在整个零件失效中的比例约为80%,给工程造成重大经济损失和安全事故,危害极大。因此,对于材料疲劳的研究具有重要的现实意义。

18.1 实验目的

(1)了解疲劳实验的基本原理。
(2)掌握疲劳实验的测量方法,加强对材料疲劳性能的认识。
(3)掌握疲劳极限、$S-N$ 曲线的测量方法。

18.2 实验基本原理

18.2.1 实验原理

材料在工程机构中承受交变载荷,交变载荷使材料发生疲劳断裂。疲劳断裂具有以下特点。

(1)导致疲劳断裂的应力水平低,疲劳极限低于抗拉强度,甚至低于屈服强度,并且须经过多次应力循环,一般须经历数千次甚至数百万次后才失效。

(2)疲劳断裂后,不显示宏观塑性变形。

(3)疲劳断裂对缺陷具有很大的敏感性,疲劳裂纹一般起源于零件高度应力集中的部分或表面缺陷处,如表面裂纹、软点、夹杂、突变的转角处及刀痕等。

常用的热疲劳试验机如图18-1所示。

图 18-1　常用的热疲劳试验机(MTS810 100kN)

在疲劳实验中,既可以通过控制应力实现,也可以控制应变来实现,但在实验方法上,控制应力要比控制应变容易。因此本实验通过控制应力来实现材料的疲劳,并规定在交变应力的过程中,最小应力和最大应力比值为虚幻特征或应力比,通常用 r 表示:

$$r = \frac{\sigma_{\min}}{\sigma_{\max}} \tag{18-1}$$

式中: $\sigma_{\max}$——最大应力;

$\sigma_{\min}$——最小应力。

目前评定材料疲劳性能的主要方法就是通过实验来测定 $S\text{-}N$ 曲线,即建立起最大应力或应力振幅与其相应的断裂循环次数 N 之间的关系曲线。不同材料的 $S\text{-}N$ 曲线不同。在既定的 r 下,若试样的最大应力为 $\sigma_{\max}^1$,晶粒经 N_1 次循环后,发生疲劳断裂,则 N_1 就称为最大应力为 $\sigma_{\max}^1$ 时的疲劳寿命。实验证明,在同一个循环特征条件下,最大应力越大,则材料寿命越短,随着最大应力的降低,材料寿命迅速增大。表示材料最大应力 $\sigma_{\max}$ 与寿命 N 之间关系的曲线称为应力-寿命曲线或 $S\text{-}N$ 曲线。$S\text{-}N$ 曲线有两种,第一种存在明显水平部分,如图 18-2(a)所示,中、低碳钢通常具有此类特征。此类曲线表示当所施加的应力降低到水平值时,材料可承受无限次的应力循环而不发生断裂,因此,将此水平部分曲线所对应的应力称为 σ_R。在实际测试时,不可能做到无限次的应力循环,而且实验还表明,此类材料在交变应力作用下,如果应力循环 10^7 次不发生断裂时,材料在无限次应力循环时也不会发生断裂,所以这类材料通常使用 10^7 次作为测定疲劳极限的基数。$S\text{-}N$ 曲线中的第二种不存在明显水平部分,如图 18-2(b)所示,高碳钢、不锈钢和大多数非铁金属,如钛合金、铝合金等在腐蚀介质中,没有水平部分。此类曲线随着应力降低循环次数不断增大,不存在无限寿命。这种情况下,通常根据实际需要定出一定循环次数(如 10^7 周)下对应的应力作为材料的

"条件疲劳极限",用符号 $\sigma_R(N)$ 表示。

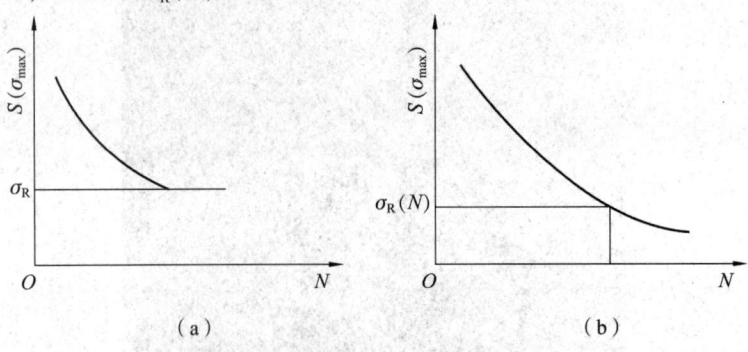

图18-2 材料的 $S\text{-}N$ 曲线示意图
(a)存在明显水平部分;(b)不存在明显水平部分

18.2.2 实验方法

1. $S\text{-}N$ 曲线的测定

$S\text{-}N$ 曲线为应力水平-循环次数曲线,测定 $S\text{-}N$ 曲线时采用成组法。至少取5级应力水平,各级取一组进行实验,其数量的分配,随应力水平降低而数据离散增大,故要随应力水平降低而增多,通常每组要取5根。升降法求得的数据作为 $S\text{-}N$ 曲线最低应力水平点。然后以 S 为纵坐标,以循环次数 N 或 N 的对数为横坐标,用最佳拟合法绘制成 $S\text{-}N$ 曲线。

采用成组法测定材料 $S\text{-}N$ 曲线时,要注意以下问题。

(1)在4~5级应力水平中的第一级应力水平 σ_1:光滑圆柱试样,取$(0.6 \sim 0.7)\sigma_b$;缺口试样,取$(0.3 \sim 0.4)\sigma_b$;而第二级应力水平 σ_2 比 σ_1 减小$(20 \sim 40)$MPa,以后各级应力水平依次减小。

(2)每一级应力水平下的中值疲劳寿命 N_{50} 或 $\lg N_{50}$,通过将每一级应力水平下测得的疲劳寿命 N_1、N_2 等数据代入下式来计算:

$$\lg N_{50} = (1/n) \sum_{i=1}^{n} \lg N_i \tag{18-2}$$

如果在某一级应力水平下的各疲劳寿命中,出现超出现象(即大于 10^7 循环次数),则这一组试样的值应取这组疲劳寿命排列的中值。如果该组有奇数个数值,则取中间的疲劳寿命值为该组的寿命;如果该组有偶数个数值,则取中间的两个疲劳寿命值的平均值为该组的寿命。

2. 条件疲劳极限 $\sigma_R(N)$ 的测定

测定条件疲劳极限采用升降法,试样数量取13支以上,每级应力增量取预计疲劳极限在5%以内。第一根试样的实验应力水平略高于预计疲劳极限。根据上根试样的结果来分辨材料是失效还是有效(即达到材料的循环次数不发生破坏)来决定下一根试样的应力是减少还是增加。如果实验时发生失效,应力值应该减少;实验有效,应力值应该增大。重复这个过程直到所有试样测试完毕。如果第一根试样出现相反的测试结果,或实验数据在波动范围外,则应予以舍弃;否则,作为有效实验数据,与其他数据一起作为实验数据,按照下列公式计算疲劳极限:

$$\sigma_{R}(N) = \frac{1}{m}\sum_{i=1}^{n} v_i \sigma_i \tag{18-3}$$

式中：m——有效实验总次数；

n——应力水平级数；

σ_i——第 i 级应力水平；

v_i——第 i 级应力水平下的实验次数。

图 18-3 所示为 40CrNiMo 钢的升降图，σ_b = 1 000 MPa，试样为光滑的圆柱形，采用旋转弯曲，规定循环次数为 107。根据上述的结果，利用式（18-3）计算其条件疲劳极限：

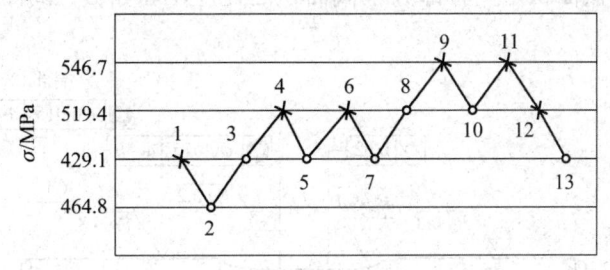

$\sigma_R(N)$ = (2×546.7+5×519.4+5×492.1+464.8)/3 MPa=580.9 MPa

图 18-3　40CrNiMo 钢的升降图

采用升降法测定材料条件疲劳极限时，要注意以下问题。

（1）第一级应力水平的确定应略高于预计的条件疲劳极限[对于钢材来说，$\sigma_R(N)$一般为 $0.45\sigma_b$]。应力增量 $\Delta\sigma$ 一般为预计条件疲劳极限的 3%~5%[对于钢材来说取（0.015~0.025）σ_b]。

（2）评定升降图是否有效的条件如下：有效数据必须大于 13 个，失效和有效数据的数量比例大致各占一半。

18.2.3　实验操作

把加工好的试样放入试验机相应位置，试样与其两侧的弹簧夹头连成一个整体作为旋转梁。试样两侧上的滚动轴承 4 个支撑在一对转筒内，电动机通过计算器和活动联轴节带动试样在旋转筒内转动，加载的砝码通过吊杆和横梁作用在转筒上，从而使试样承受一个恒定的弯曲转矩。当吊重不动，试样发生转动时，试样截面即承受对称循环弯曲应力。当试样发生疲劳断裂时，转筒即落下，触动停车开关，计数器记下循环断裂的次数 N。此试验机的转速一般为 3 000~10 000 r/min，其装置示意图如图 18-4 所示。

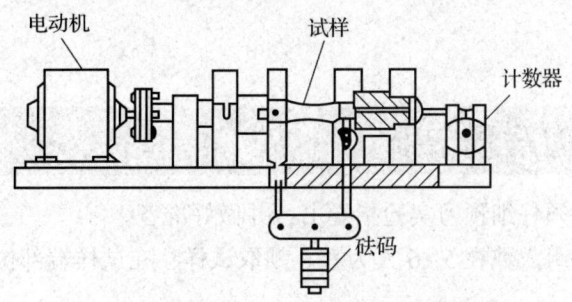

图 18-4　旋转弯曲疲劳实验装置示意图

18.3 实验设备及材料

(1)实验采用旋转弯曲疲劳试验机。

(2)游标卡尺。

(3)20钢(正火态)、20钢(调质态)、45钢(正火态)、45钢(调质态),圆柱形试样尺寸如图18-5所示。一般直径d为6 mm、7.5 mm和9.5 mm。直径d的偏差为±0.05 mm。两侧螺旋夹持部分的横截面积与实验部分横截面积之比应不小于3。试样4点简图如图18-6所示。

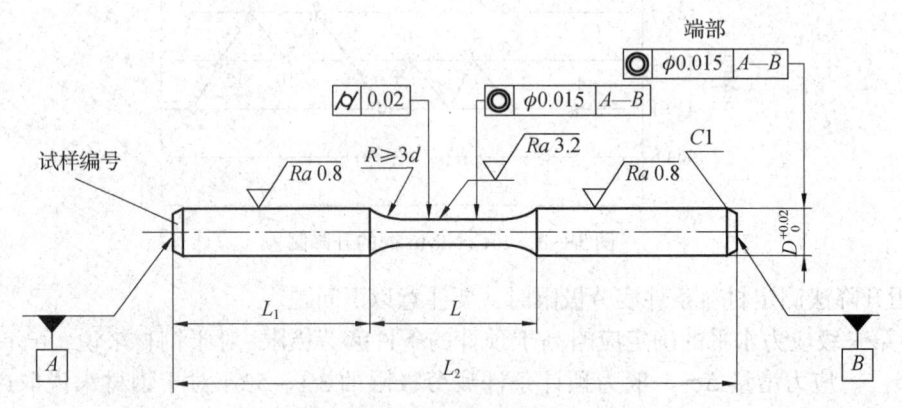

图18-5 圆柱形试样尺寸

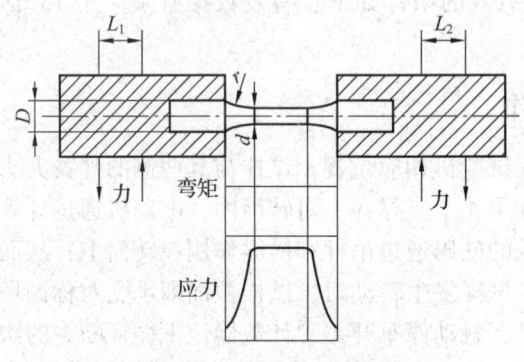

图18-6 试样4点简图

18.4 实验内容及步骤

(1)在实验前,必须仔细预习实验指导书,并做好准备。

(2)实验分组:每组人数在5~6人为宜。领取试样,在试样端部位置做好标记,防止实验时发生混淆。

(3)用精度为0.2 mm的游标卡尺测量试样的尺寸。在使用工作区的中间截面处两个相互垂直的方向各测量一次，取其平均值作为试样的直径。

（4）取其中一根合格试样，在拉伸机上先测量 σ_b。拉伸实验的目的是检验材质强度是否符合热处理要求，然后按照这个 σ_b 的值来确定各级的应力水平值。

（5）按照18.2.2中的规定确定各级应力水平。

（6）确定 S-N 曲线的载荷。根据试样的直径及载荷作用点到支座距离，代入弯曲应力公式进行计算。弯曲应力公式如下：

$$\sigma = \frac{F\alpha}{2} \Big/ \frac{\pi d^3}{32} \tag{18-4}$$

整理后得到公式如下：

$$F = (\pi d^2/16\alpha)\sigma \tag{18-5}$$

将选定的 σ_1、σ_2、σ_3 等值代入式（18-5），就可得到相应的 F_1、F_2、F_3 等值。依据此 F 值增加砝码的质量，以满足实验需求。

（7）安装试样时要保证其与试验机主轴保持同轴度。用联轴节将旋转整体结构与电动机相连，同时调节计数器为零。若此时电动机带有转速调节器，也将其调至零位。

（8）接通电源，调节电动机转速，由零逐步加快。实验时一般取转速为 6 000 r/min，当达到规定转速后，再把砝码放在砝码盘上。

（9）按照应力从高到低的顺序主次进行实验，记录每个试样断裂的循环次数，同时观察断口的位置和特征。

（10）条件疲劳极限 $\sigma_R(N)$ 的测定方法和步骤与 S-N 曲线的测定基本相同，不同之处在于应力水平及应力增量的选定上。对钢材而言，条件疲劳极限 $\sigma_R(N)$ 也要选择4级应力水平，其中第一个试样的 σ_1 取 $0.5\sigma_b$，而应力增量建议取 $0.025\sigma_b$。然后用升降法进行实验，并将测量的结果记录在表18-1中。在实验进行过程中要随时记录数据，并随时进行分析。当实验记录的有效数据达到13个以上时，可以停止实验。将实验结果代入式（18-3）中计算，即可得到条件疲劳极限。

18.5 注意事项

（1）试样断裂后，观察断面情况，如果有明显的杂质，需要另选取试样重新实验。

（2）试样装夹要精准可靠，避免试样出现脱落现象，避免伤人。

18.6 实验报告

（1）实验目的。
（2）实验设备和材料。
（3）实验原理。
（4）实验步骤。

(5) 画出试样草图。

(6) 把实验测得的数据填入表 18-1 中，以 lg N 为横坐标，σ_{max} 为纵坐标，绘制光滑的 S-N 曲线，并确定 σ_{-1} 的大致数值。S-N 图上应包括材料牌号、处理状态、拉伸性能、疲劳实验的类型、环境温度等。

表 18-1　疲劳实验记录表

序号	试样材料	热处理状态	试样尺寸/mm	疲劳极限

(7) 绘制出试样断口的形貌，并指出各部分的特征。

(8) 结合本次实验，说明自己的体会和对本次实验的意见。

18.7　思考题

(1) 材料的疲劳断裂是由哪些因素引起的？

(2) 材料疲劳断裂断口由哪几部分组成？

实验十九　扫描电子显微镜的使用

扫描电子显微镜是材料学科研究显微组织和分析断口形貌的重要设备，通过对显微组织的观察和断口形貌的分析，能够了解材料内部组织的分布状态，以及断口形貌上的细微差异。

19.1　实验目的

(1) 了解扫描电子显微镜的基本原理和结构。
(2) 掌握扫描电子显微镜的使用方法。
(3) 掌握利用扫描电子显微镜观察断口和显微组织的方法。

19.2　扫描电子显微镜的基本原理

扫描电子显微镜与金相显微镜不同，它不是利用电磁透镜放大进行成像，而是利用细聚焦的电子束轰击样品表面，通过电子与样品相互作用产生二次电子、背散射电子等对样品表面或断口形貌进行观察和分析。二次电子和背散射电子形成的图像可以用来观察样品表面特征，X 射线则可分析样品微区的化学成分。新式的扫描电子显微镜的二次电子像的鉴别率能够达到 3~4 nm，放大倍数已经能够达到 20 万倍。

扫描电子显微镜的工作原理如下：通过电压加速、电磁透镜系统的汇聚作用，电子枪发射出直径为 50 μm 的电子束；该电子束在偏转线圈的作用下，在样品表面作光栅状扫描，激发出多种电子信号；探测器对电子信号进行收集，放大、转化后在显示系统上成像；二次电子的图片信号动态地形成三维图像。原理可以概括为"光栅扫描，逐点成像"。

19.3　扫描电子显微镜的基本构造

扫描电子显微镜的结构示意图如图 19-1(a)所示，其一般由 5 个部分组成，分别是电子光学系统,扫描系统,信号检测与放大系统,真空系统,电源系统。

1. 电子光学系统

电子光学系统由电子枪、电磁透镜、光阑、样品室等部件组成,如图19-1(b)所示。为了获得较高的信号强度和扫描像,由电子枪发射的扫描电子束应具有较高的亮度和尽可能小的束斑直径。常用的电子枪有以下3种形式:普通热阴极三极电子枪、六硼化镧阴极电子枪和场发射电子枪,其性能如表19-1所示。前两种属于热发射电子枪,后一种则属于冷发射电子枪。由表可以看出场发射电子枪的亮度最高、电子源直径最小,是高分辨本领扫描电子显微镜的理想电子源。

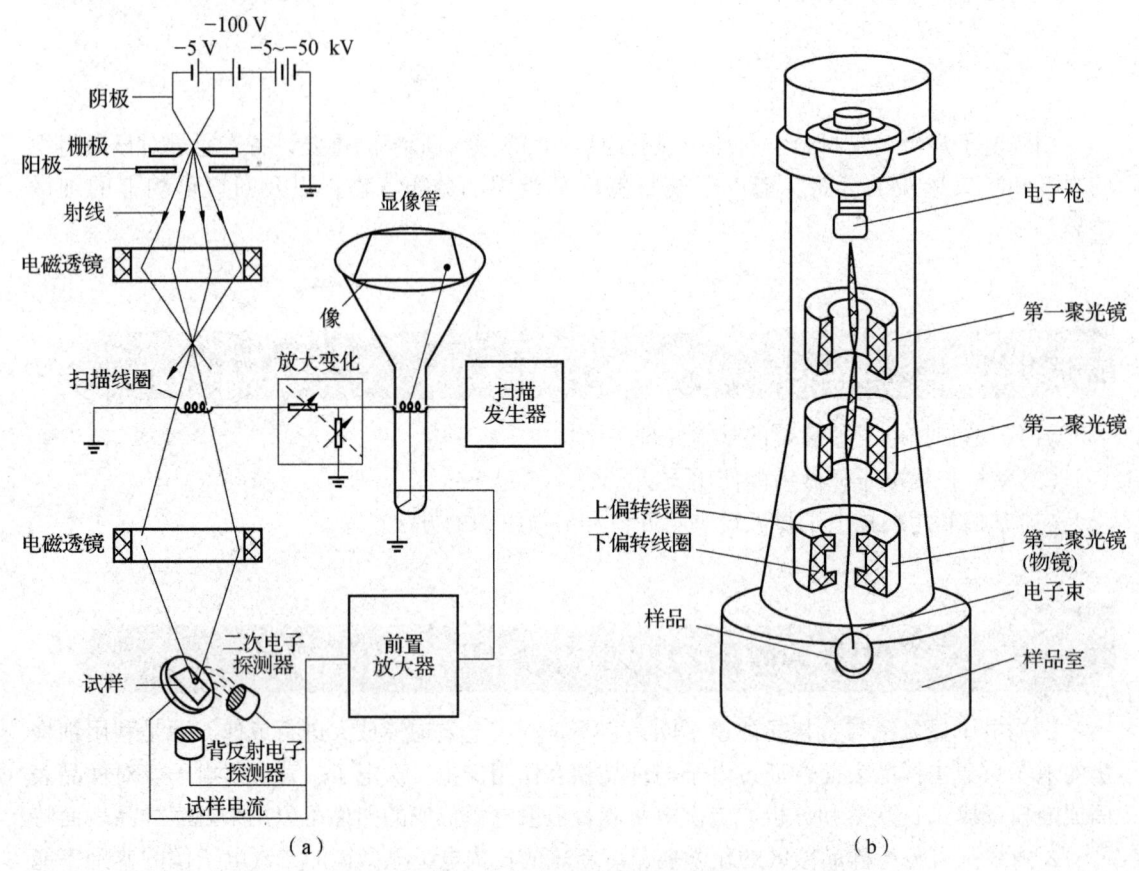

图 19-1 扫描电子显微镜的结构
(a)结构示意图;(b)电子光学系统示意图

表 19-1 几种类型电子枪的性能

电子枪类型	亮度 /(A·cm^{-2}srad)	电子源直径 /μm	寿命 /h	真空度 /Pa
普通热阴极三极电子枪	$10^4 \sim 10^5$	20~50	≈50	10^{-2}
六硼化镧阴极电子枪	$10^5 \sim 10^6$	1~10	≈500	10^{-4}
场发射电子枪	$10^7 \sim 10^8$	0.01~0.1	≈5 000	$10^{-7} \sim 10^{-8}$

电磁透镜的功能是把电子枪的束斑逐级聚焦缩小，因照射到样品上的电子束斑越小，其鉴别率就越高。扫描电子显微镜通常有 3 个电磁透镜，前两个是强透镜，用于缩小束斑，第三个透镜是弱透镜，焦距长，便于在样品室和聚光镜之间装入各种信号探测器。为了降低电子束的发散程度，每级电磁透镜都装有光阑；为了消除像散，装有消像散器。

样品室中有样品台和信号探测器，样品台还能使样品做平移运动。

2. 扫描系统

扫描系统的作用是提供入射电子束在样品表面上以及阴极射线管电子束在荧光屏上的同步扫描信号。

3. 信号检测与放大系统

样品在入射电子作用下会产生各种物理信号、二次电子、背散射电子、X 射线、阴极荧光和透射电子。不同的物理信号要用不同类型的检测系统。它大致可分为三大类，即电子检测器、阴极荧光检测器和 X 射线检测器。

4. 真空系统

镜筒和样品室处于高真空下，一般不得高于 1×10^{-2} Pa，它由机械泵和分子涡轮泵来实现。开机后先由机械泵抽低真空，约 20 min 后由分子涡轮泵抽真空，几分钟后就能达到高真空度。此时才能放试样进行测试，在放试样或更换灯丝时，阀门会将镜筒部分、电子枪室和样品室分别分隔开，这样保持镜筒部分真空不被破坏。

5. 电源系统

电源系统由稳压、稳流系统及相应的安全保护电路所组成，提供扫描电子显微镜各部分所需要的电源。

19.4 扫描电子显微镜的操作和维护

19.4.1 扫描电子显微镜开机操作步骤

(1) 开机械泵：开压缩机，确保 V1 阀关闭。

(2) 开电气柜总开关(红色旋钮)，开电气控制系统开关(绿键)。

(3) 开启计算机：双击桌面图标，运行 KYKY-EM6X00 软件系统，并按下控制面板中的"启动"按钮，使按钮变为红色，真空系统自动进入预抽真空状态(V2 灯亮)，真空指示值将显示在控制面板上。

注意：运行软件系统前，必须开启电气控制系统。

(4) 真空系统进入高真空状态(V2、V3、TMP 灯亮)后，等待一定时间。当控制面板上的真空指示值背景由棕色变为绿色，且真空指示值大于所设置阈值，则可以开始工作。真空度阈值建议大于 5×10^{-5} Torr，否则会影响灯丝寿命。

(5) 先在低倍进行调节，待找到样品后，调节放大倍数，对中，调亮度，调对比度，调像散，获取清晰的图像。

注意：在进行样品观察时，应按照"高倍对焦，低倍拍照"的原则进行，即如果想拍照

1 000×的图片，应该在3 000×以上的倍数进行对焦，获得清晰图像后，再在1 000×找到适合的微区进行拍照。

19.4.2　更换样品操作步骤

(1)把试样的放大倍数调为最低。

(2)关高压和灯丝，再关掉V1、V5、V4，然后打开放气阀V6，样品室开始放气(只有V2、D.P、V6开着)。

(3)松开样品台锁，把Z向逆时针转几圈，以便更换样品后，样品碰不到物镜下极靴。拉出样品台后更换样品，更换好样品后，检查密封圈确保在槽内。然后推入样品台，关掉V6，关掉V2，打开V3，样品室开始抽低真空。

(4)真空表头指示到100 μ和50 μ之间时("MANIFOLD"挡)，关掉V3，打开V2，打开V5，打开V4，系统进入抽高真空，表头指示"LO VAC"区1 μ附近时，即可开始工作。

19.4.3　扫描电子显微镜关机操作步骤

(1)确认灯丝电流、对比度和高压都归零，关掉V1。

(2)单击控制面板上的启动按钮，使按钮变为灰色，软件系统将自动关闭各真空阀门，退出软件，关闭计算机。

(3)关电气控制系统开关(绿键)，关电气柜总开关(红钮)，关机械泵，关压缩机。

注意：关电气控制系统开关(绿键)前，必须退出软件系统。

19.4.4　更换灯丝操作步骤

(1)在正常看像时，如果图像突然变黑，且灯丝束流指示归零，说明灯丝断了，此时需要更换新的灯丝。

(2)确认灯丝电流、对比度和高压都归零，再关掉V1；然后按下控制面板上的电子枪按钮，使按钮变成黄色，此时V2、TMP关闭，V3灯亮；过几秒钟后，V4开，电子枪即可自动放气。

(3)为防止烫伤，枪室放气后需要冷却一定时间(30 min左右)，使灯丝组件降温；然后取下电子枪盖帽组件，卸下灯丝组件，将旧灯丝拆下；换上新灯丝，将灯丝组件重新装好，然后将电子枪盖帽装好。

注意：灯丝组件中的韦氏帽在使用一段时间后，韦氏帽的小孔周边会受到污染，操作人员可以定期使用棉签蘸上5%浓度的氨水进行擦洗，再使用无水乙醇冲洗(或者采用超声波清洗，效果更佳)，可将污染物清洗掉。

(4)再次按下电子枪按钮，使按钮变成灰色，系统开始抽真空，并能自动进入高真空，当控制面板上的真空指示值背景由棕色变为绿色，且真空指示值大于所设置阈值，则可以开始工作。

注意：一般情况下，当更换完灯丝后，若没有信号或者信号很弱，则需要调节机械对中。实际操作时，先按常规能看到图像的参数加载各信号，若调节电对中X、Y旋钮，图像上没有较大的亮暗变化，则需调节机械对中。调节机械对中前先右击电对中控件，将电对中X、Y分别放在中心"0"位置。然后用手压，看到图像在变化时，用内六角扳手调节电子枪上方对应的螺钉，使得图像最亮。如果此时屏幕太亮，将对比度降低一些。然后调节电对中 X、Y，将其放在图像最亮处，此时对中就调好了。

19.4.5 注意事项

（1）扫描电子显微镜需放置在无明显振动的操作台上，环境温度控制在 16~28 ℃，湿度应小于 60%。

（2）真空度没达到要求之前，镜筒隔离阀 V1 决不能打开。

（3）扩散泵开始加热 20 min 期间，主阀 V5 决不能打开。

（4）真空控制方式从手动转为自动时，要特别注意每个手动阀门是否为关闭状态。

（5）没有进入高真空之前，决不能接通探测器高压、电子枪高压及灯丝加热电源。

（6）不要在关控制台电源（CONSOLE POWER）的同时，立刻放气到样品室和电子枪，以免引起电子枪探测器上残留高压放电，损坏灯丝及闪烁体。

（7）如果镜筒没有放气，不可拔掉物镜光阑杆。

（8）关闭控制台电源（CONSOLE POWER）之前，一定要先关上 V1 阀。

（9）样品室放气情况下，不要手动打开主阀和 V1 阀。

（10）真空系统停机时，将灯丝退至零，对比度减至零。

（11）控制灯丝电流时，越到灯丝饱和点，调节旋钮的速度应越慢，从而避免灯丝过饱和。一般饱和点在刻度 6~7。

（12）样品不要太高，以不超过倾斜座后支撑板为限，否则将碰到物镜下极靴。样品放于样品座中，高度以 5~10 mm 为宜。

（13）扫描电子显微镜几乎可以观察任何材料，但对不导电的材料需要喷金处理，厚度一般控制在 5~10 nm 为宜，SBC-12 型喷金设备如图 19-2 所示。生物样品需要事先进行干燥处理。粉末样品要均匀洒在贴有导电胶的样品台上，用吸耳球吹去未粘牢的样品颗粒，防止扫描电子显微镜抽真空时造成粉末样品飞出，损坏扫描电子显微镜。对于磁性材料，除了要粘牢，一般还应先进行消磁处理。

图 19-2 SBC-12 型喷金设备

(14)扫描电子显微镜通过外挂设备(如 EDS 能谱),可以对微区组织进行打点分析、线扫描和面扫描。打点分析能够明确该点的成分,线扫描能够确定该线处元素的分布,面扫描能够确定被扫描面处的元素分布。

19.5 实验设备及材料

(1)扫描电子显微镜,如图 16-6 所示,型号为 KYKY-EM6200 型。
(2)20 钢(正火态)、45 钢(正火态)、T8 钢(淬火态)和 T10 钢(淬火态)的拉伸断口试样。
(3)超声波清洗机,如图 16-7 所示。
(4)老虎钳。
(5)手锯。
(6)吹风机。
(7)无水酒精、丙酮。
(8)烧杯。

19.6 实验内容及步骤

(1)在实验前,必须仔细预习实验指导书,并做好准备。
(2)实验开始前,注意了解本实验所用扫描电子显微镜的结构及特点。
(3)实验分组:每组人数在 5~6 人为宜。领取试样,按照需要观察的组织或断口不同进行不同的试样处理。观察样品断口处置方式如实验十六中 16.4 中的步骤(4)。观察样品微观结构处置方式与金相试样相同。
(4)将清理干净的试样放入试样室,并用导电胶固定好。
(5)按照扫描电子显微镜操作步骤进行拍照、存储。

19.7 注意事项

(1)注意试样安装牢固,否则会影响观察结果。
(2)观察试样断口形貌时,要注意使用超声波清洗机进行表面清洗,取出试样断口杂质。
(3)对于不导电的材料,观测前要进行表面喷金处理。

19.8 实验报告

(1) 实验目的。
(2) 实验设备和材料。
(3) 实验原理。
(4) 实验步骤。
(5) 根据拍摄图片，详细分析实验数据，填入表19-2中，并分析相同热处理条件下，含碳量及热处理状态对微观断口形貌的影响。

表 19-2 断口和组织形貌

试样	断裂方式	断口形貌			500×组织图片	5 000×组织图片
		解理	准解理	韧窝		
20 钢	拉伸					
45 钢	拉伸					
T8 钢	拉伸					
T10 钢	拉伸					

注：在断口形貌对应栏中画"√"。如果断口显示韧窝，则填写韧窝尺寸及类型；如果断口显示解理，则填写解理断裂特征。组织图片贴入对应放大倍数的 SEM 图片，并分析组织构成。

(6) 结合本次实验，说明自己的体会和对本次实验的意见。

19.9 思考题

(1) 在使用扫描电子显微镜进行放大倍数调整时，需要注意哪些问题？
(2) 扫描电子显微镜在观察材料显微组织或断口时有哪些优点？

实验二十　XRD 衍射仪的使用

XRD 衍射仪是材料学科研究显微组织的重要设备，主要用于对样品的物相定性或定量测量、晶体结构的分析、材料结构的分析、宏观应力和微观应力的测定、晶体大小、残余相等的分析，是研究材料的重要手段。

20.1　实验目的

(1) 了解 XRD 衍射仪的基本原理和结构。
(2) 掌握 XRD 衍射仪的使用方法。
(3) 掌握使用 Jade 软件进行物相鉴定和物相定量分析。

20.2　XRD 衍射仪的基本原理

20.2.1　实验原理

X 射线是波长很短(0.001~10 nm)的电磁波，该波具有反射、折射、干涉、衍射、偏振等特征，属于横波。物质结构中，原子与分子的距离刚好在 X 射线的波长范围内，所以物质能够通过对 X 射线的散射和衍射传递丰富的微观结构信息。XRD(X-ray Diffraction)即 X 射线衍射，是通过对材料进行 X 射线衍射，分析其衍射图谱，获得材料的成分、材料内部原子或分子的结构或形态等信息的研究手段。可用于确定晶体结构，其中晶体结构导致入射 X 射线束衍射到许多特定方向。通过测量这些衍射光束的角度和强度，可以得到晶体内电子密度的三维图像。根据该电子密度，可以确定晶体中原子的平均位置，以及它们的化学键和各种其他信息。

布拉格方程示意图如图 20-1 所示，当一束单色 X 射线照射到某一结晶物质上，由于晶体中原子的排列具有周期性，某一层原子面的晶面间距 d 与 X 射线入射角之间满足布拉格(Bragg)方程：

$$2d\sin\theta = n\lambda \tag{20-1}$$

式中：d——面间距；
　　　θ——入射角；
　　　n——反射级数，为整数；
　　　λ——入射 X 射线的波长。

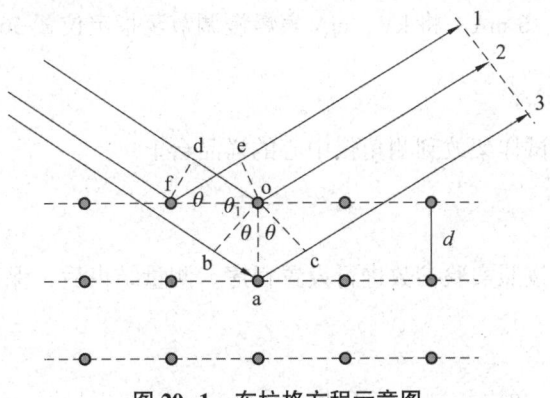

图 20-1　布拉格方程示意图

满足布拉格方程时就会发生衍射现象，衍射线在空间分布的方位和强度，与晶体结构密切相关，这就是 X 射线衍射的基本原理。

任何结晶物质都具有特定的晶体结构和组成元素。一种物质有着自己独特的衍射图谱，多相物质的衍射图谱互不相干，各物相衍射图谱简单叠加。任何物相都有一套特定的衍射图谱，因此可以将实验测得的衍射图谱与标准数据库中的已知 X 射线衍射图谱作对比，即可确定其物相。

20.2.2　XRD 衍射仪基本构造

（1）X 射线发生器部分：输出功率 4 kW，管电压 10~60 kV，管电流 5~80 mA。
（2）测角仪及控制部分：衍射圆半径 225 mm，角度定位速度 1 500°/min，测量范围 2θ（-6°~160°），连续扫描速度 0.001 2~50°/min。
（3）控制单元：测角仪及 X 射线发生器自动控制。
（4）外部计算机。
（5）射线防护及报警装置：铅+铅玻璃防护部分。

20.3　XRD 衍射仪的操作和维护

20.3.1　开机操作步骤

（1）开机前准备，打开冷却循环水电源。
（2）打开计算机电源。
（3）合上仪器主机总电源。分别打开前级机电源、温控器与照明灯电源、测量系统电源。
（4）打开测量系统电源开关，检查条件参数是否正常。

(5)接通 X 射线发生器电源。按下面板上的"电源通断"开关,此时 X 射线发生器控制系统低压电路接通,面板上的 kV(高压)、mA(管流)显示为"00",总电源灯、水冷正常灯、准备就绪灯亮起。

(6)按下〈X 射线开〉键,开启高压电路,开启高压后,观察 kV、mA 表显示,高压、管流将缓慢升高到 15 kV、6 mA。将 kV、mA 表慢慢调节至指定位置 36 kV、20 mA。

20.3.2 装样

将装有待测样品的试样架放到测角仪中心的样品台上。

20.3.3 测量

打开计算机软件,按照实验参数进行设置程序。测量结束后,保存实验数据待分析。

20.3.4 关机

(1)当实验完成后,单击控制界面退出。
(2)退出高压。
(3)待设备的高压指示灯熄灭后,按下"关机"按钮关闭衍射仪。
(4)5 min 后关闭循环水系统,关闭总电源,关闭计算机。

20.3.5 物相鉴定

(1)打开 Jade 软件,读入存储的数据文件。
(2)右击"S/M"工具按钮,进入 Search/Match 对话界面。
(3)选择 Chemistry filter,进入"元素限定"对话框,选中样品中的元素名称,然后单击"OK"按钮返回对话框,再单击"OK"按钮。
(4)从物相匹配表中选中样品中存在的物相。在选定的物相名称上双击,显示 PDF 卡片,单击"Save"按钮,保存 PDF 卡片数据。
(5)如果样品存在多个物相,在主要相鉴定完成后,选择剩余未鉴定的衍射峰,进入 Search/Match 对话界面,直至所有物相被鉴定出来为止。
(6)右击并选择"打印",进行结果输出。

20.3.6 物相定量分析

(1)在 Jade 软件中打开一个多相样品的衍射图谱。
(2)在进行物相鉴定时,选择有 RIR 值的 PDF 卡。
(3)选择每个物相主要未重叠的衍射峰拟合,求出衍射峰面积。
(4)选择 Options-Easy Quantitative,按绝热法算出试样中两相质量百分数。
(5)单击"Save"按钮,保存定量分析结果,定量分析完毕。

20.3.7 注意事项

(1)XRD 衍射仪工作环境温度:10~30 ℃。
(2)环境相对湿度:小于 80%。

(3)电源：单相、交流 220 V，50 Hz，电源电压波动不超过额定电压的 -10% ~ +10%，电源容量不低于 5 kV·A。

(4)应有良好的接地装置，接地电阻不大于 4 Ω。

(5)冷却系统：独立自循环制冷系统，使用纯净水，大约 20 L。

(6)供电线路中不得有电焊机、高频炉等设备引起的电弧和高频干扰。

(7)周围环境不得有易燃和腐蚀性气体，尽量避免灰尘和震动。

(8)关闭仓门时，注意是否锁死。

(9)扫描速度、扫描范围应该由实验室教师设置。

(10)对于粉末试样要求干燥，在空气中稳定，粒度小于 20 μm，一般用研磨的方法制备。对于块状试样要求表面平整清洁，可用砂纸进行磨制，试样大小可装入直径为 23 mm 的样品架中，试样厚度一般不超过 10 mm。

20.4 实验设备及材料

(1)XRD 衍射仪，如图 20-2 所示，型号为 AL-2700 型。

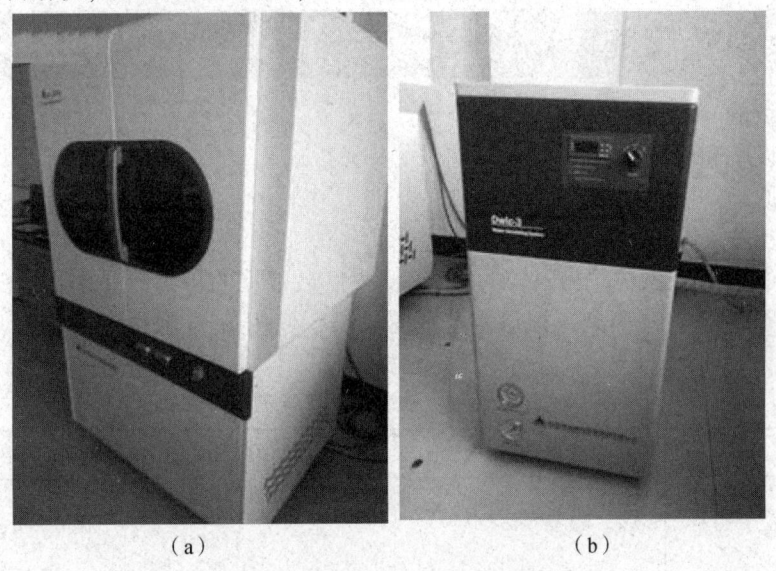

图 20-2　AL-2700 型 XRD 衍射仪
(a)XRD 衍射仪设备；(b)水循环装置

(2)9% ~ 12%Cr 铁素体/马氏体耐热钢。

20.5 实验内容及步骤

(1)在实验前，必须仔细预习实验指导书，并做好准备。

(2)实验开始前，注意了解本实验所用 XRD 衍射仪的结构、特点及使用注意事项。

(3)实验分组：每组人数在 5 ~ 6 人为宜。领取试样，试样的厚度控制在 10 mm 以下。

试样表面要用砂纸进行磨制,一般应该由粗到细磨制到 1 000#砂纸为宜。

(4)将试样放置在橡皮泥上,并用玻璃片压平,使试样高度与样品架平齐后待用。打开 XRD 衍射仪,按下"Open Door"按钮,拉开常规衍射仪门,装好试样,并轻轻合上常规衍射仪门。

(5)打开"控制测量"程序,输入实验条件和试样名称,进行实验。

(6)对实验数据进行物相鉴定和定量分析。

20.6 注意事项

(1)注意每次取放试样时,一定要先按下"Open Door"按钮,否则不能开门。

(2)关门时要小心,轻推轻拉,防止损害设备。关门后要确认门已经关好,然后再运行设备,防止事故的发生。

(3)设备运行时,请勿打开防护罩,防止辐射损伤。

20.7 实验报告

(1)实验目的。

(2)实验设备和材料。

(3)实验原理。

(4)实验步骤。

(5)9%~12%Cr 铁素体/马氏体耐热钢正回火后最常见的析出物是 $M_{23}C_6$ 和 MX 相,MX 相由于量少,可能不会观测到。根据实验所得数据,使用 Jade 软件进行分析,并将结果填入表 20-1 中。

表 20-1 实验结果记录表

试样	热处理方式	$M_{23}C_6$衍射图谱	MX 相衍射图谱
9%Cr			
12%Cr			

(6)结合本次实验,说明自己的体会和对本次实验的意见。

20.8 思考题

(1) XRD 分析的特点和应用有哪些？
(2) 粉末样品制备方法有哪些？应注意的问题有哪些？
(3) 利用 X 射线图谱进行鉴定分析时，需要注意哪些问题？

参 考 文 献

[1] 周小平. 金属材料及热处理实验教程[M]. 武汉：武汉大学出版社，2006.
[2] 高路斯. 材料科学基础实验教程[M]. 大连：大连理工大学出版社，2015.
[3] 吴再生. 金属材料及热处理实验[M]. 北京：中国矿业大学出版社，1994.
[4] 张廷楷. 金属学及热处理实验指导书[M]. 重庆：重庆大学出版社，1998.
[5] 沈莲. 机械工程材料[M]. 北京：机械工业出版社，2018.
[6] 崔振铎. 金属材料及热处理[M]. 长沙：中南大学出版社，2010.
[7] 王岚，杨平，李长荣. 金相实验技术[M]. 北京：冶金工业出版社，2010.
[8] 梁丽杰，牟荟瑾，王璇. 材料力学实验[M]. 北京：中国电力出版社，2013.
[9] 胡美些. 金属材料检测技术[M]. 北京：机械工业出版社，2018.